转换照片为CMYK模式

U0248316

调整照片黑白

调整照片亮度

调整照片饱和度

调整照片偏色

调整照片色调

调整照片明暗调

整照片色相

调整照片色彩

制作浪漫秋天效果

制作唯美紫色效果

制作照片液化特效

制作照片琉璃特效

制作照片光照特效

制作照片古典油画特效

制作魅力文身

制作照片阴影线特效

添加漂亮睫毛

制作闪亮双唇

制作艳丽色调效果

打造大眼美女

自动校正照片色彩

制作亮白牙齿

调整逆光的照片

调整雪景色彩

打造绚丽烟花效果

打造朦胧烛光效果

打造黄昏天空色彩

制作水中倒影特效

添加光束效果

制作小标签

制作闪电效果

制作个人网络相册

添加照片水印

制作Q版大头人像

非主流伤感照片处理

运用"全部"命令抠图

制作发黄老照片

制作炭笔画效果

运用圆角路径抠图

制作个性服装

非主流人像照片处理

制作杂志封面

制作墙中美女

海天数码 编著

Photoshop
照片处理实用秘技
208招

化学工业出版社

·北京·

本书是一本 Photoshop 数码照片处理实用秘技大全，本书通过 4 大篇幅内容合理安排、16 大章节内容全面详解、100 个经典专家提醒与技巧点拨放送、330 多分钟视频演示呈现和 1420 多张精美图片全程图解，引导读者快速掌握 Photoshop 照片处理的操作方法和技巧，从新手成为照片处理高手。

全书共分为照片入门篇、照片美化篇、照片精修篇和案例实战篇四篇，具体内容包括：数码照片快速入门、数码照片基本修饰、数码照片艺术色彩、数码照片艺术色调、数码照片艺术特效、数码照片人像精修、数码照片光影色调、数码照片抠图技巧、数码照片创意与合成、数码照片个性应用、非主流照片的应用、老照片的特效处理、写真照片特效处理、家庭照片特效处理、工作照片特效处理以及广告照片特效处理。

本书结构清晰、语言简洁，适合 Photoshop CS6 的初、中级读者，包括影楼后期处理员、平面广告设计人员、网络广告设计人员、动漫设计人员等，同时也可作为各类计算机培训中心、中职中专、高职高专等院校及相关专业的辅导教材。

图书在版编目（CIP）数据

Photoshop 照片处理实用秘技 208 招/海天数码

编著. —北京：化学工业出版社，2013.4

ISBN　978-7-122-16656-2

Ⅰ．P… Ⅱ.海… Ⅲ.图像处理软件 Ⅳ. TP391.41

中国版本图书馆 CIP 数据核字（2013）第 044603 号

责任编辑：瞿　微　　　　　　　装帧设计：王晓宇　贾　斌

出版发行：化学工业出版社（北京市东城区青年湖南街 13 号　邮政编码 100011）

印　　装：化学工业出版社印刷厂

880mm×1230mm 1/32 印张 11$\frac{3}{4}$ 字数 477 千字 2013 年 5 月北京第 1 版第 1 次印刷

购书咨询：010-64518888（传真：010-64519686）　售后服务：010-64518899

网　　址：http://www.cip.com.cn

PREFACE 前言

▶ 本书简介

　　Photoshop CS6 是由 Adobe 公司 2012 年推出的最新版图像处理软件，是目前世界上最优秀的平面设计软件之一，因其界面友好、操作简便、功能强大，深受广大设计师的青睐，被广泛应用于插画、游戏、影视、广告、海报、POP、照片处理等领域。本书立足于 Photoshop CS6 软件的照片处理技术，通过大量行业案例演练介绍其操作方法。

▶ 本书特色

细节特色	特色说明
4大 篇幅内容合理安排	本书结构清晰，全书分为4大篇幅：照片入门篇、照片美化篇、照片精修篇、案例实战篇，帮助读者循序渐进，快速学习
16大 章节内容全面讲解	本书用16章进行对Photoshop CS6数码照片的处理方法和基本应用技巧进行合理划分，让读者循序渐进地学习软件应用
100个 专家提醒与技巧点拨放送	书中附有作者在使用软件过程中总结的经验技巧共计100个，全部奉献给读者，方便读者提升实战技巧与经验
208个 实战操作步骤详解	本书是一本全操作性的技能实例手册，共计208个实例讲解，使读者在熟悉基础的同时熟练掌握软件的照片处理操作方法
330多 分钟视频演示呈现	书中所介绍的技能实例的操作，全部录制了带语音讲解的演示视频，330多分钟，读者可以独立观看视频演示进行学习
1420多张 精美图片全程图解	在写作过程中，避免了冗繁的文字叙述，通过1420多张操作截图来展示软件具体的操作方法，做到图文对照、简单易学

▶ 本书编者

　　本书由海天数码编著，同时参加编写的人员还有柏松、谭贤、苏高、刘嫔、杨闰艳、周旭阳、袁淑敏、谭俊杰、徐茜、杨端阳、谭中阳等人。由于时间仓促，书中难免存在疏漏与不妥之处，欢迎广大读者来信咨询和指正，联系邮箱：itsir@qq.com。

▶ 版权声明

　　本书所采用的照片、图片、软件等素材，均为所属个人、公司、网站所有，本书引用仅为说明（教学）之用，请读者不得将相关内容用于其他商业用途或网络传播。

编　者

2013 年 1 月

CONTENTS目录

照片入门篇

第1章 数码照片快速入门

第2章 数码照片基本修饰

照片美化篇

第3章 数码照片艺术色彩

第4章 数码照片艺术色调

第5章 数码照片艺术特效

照片精修篇

第6章 数码照片人像精修

第7章 数码照片光影色调

第8章 数码照片抠图技巧

第9章 数码照片创意与合成

第10章 数码照片个性应用

案例实战篇

照片入门篇

第1章

数码照片快速入门

学前提示

Photoshop CS6 是一款专业的数码照片处理软件，其功能强大、操作环境简洁，深受广大用户青睐，从而被广泛应用于图像处理、广告设计、图形制作等领域。本章主要介绍数码照片快速入门的基本知识。

本章重点

◎ 数码照片基础知识

◎ 照片文件基本操作

◎ 照片查看基本方式

◎ 数码照片输出操作

本章视频

1.1 数码照片基础知识

在使用 Photoshop 软件处理数码照片之前，需要先了解数码照片的基础知识，才能在工作中更好地处理各类数码照片，创作出高品质的设计作品。

实用秘技 001	↘ 了解像素与分辨率
	实例解析：像素与分辨率是Photoshop中最常见的专业术语，也是决定文件大小和图像输入质量的关键因素，合理地设置像素和分辨率是创作高品质作品的前提。
难度级别：★★	素材文件：无
关键技术：像素与分辨率	效果文件：无
	视频文件：无

像素是组成图像的最小单位，其形态是一个小方点，且每一个小方点只显示一种颜色，当许多不同颜色的像素组合在一起时，就形成了一幅色彩丰富的图像，图像的像素越高，则文件越大，图像的品质就越好，如图 1-1 所示。

图1-1　高像素图像和低像素图像

分辨率是指单位长度上像素的数目，其单位通常用 dpi（display pixels/inch）、"像素/英寸"或"像素/厘米"表示。图像分辨率的高低直接影响图像的质量，分辨率越大，文件也就越大，图像也就越清晰，处理速度也就越慢；反之，分辨率越低，文件就越小，图像就越模糊，如图 1-2 所示。

图1-2　分辨率高的图像和分辨率低的图像

实用秘技 **002**	→ **了解色彩模式的区别**
	实例解析：颜色模式决定了图像的显示颜色数量，同时也影响图像的通道数和文件大小。常用的图像颜色模式有4种，分别是RGB模式、CMYK模式、灰度模式和位图模式。
难度级别：★★ 关键技术：颜色模式	素材文件：无
	效果文件：无
	视频文件：无

1. RGB 模式

RGB 模式是 Photoshop 默认的颜色模式，此颜色模式的图像均由红、绿和蓝 3 种颜色的不同颜色值组合而成。RGB 模式是电脑图形图像设计中最常用的色彩模式。

它代表了可视光线的 3 种基本色元素，即红、绿、蓝，称为"光学三原色"，每一种颜色存在着 256 个等级的强度变化。当三原色重叠时，由不同的混色比例和强度会产生其他的中间色，三原色相加会产生白色，如图 1-3 所示。

2. CMYK 模式

CMYK 模式即由 C（青色）、M（洋红）、Y（黄色）、K（黑色）合成颜色的模式，这是印刷上最主要使用的颜色模式，由这 4 种油墨合成可生成出千变万化的颜色，因此被称为四色印刷。

由青色（C）、洋红（M）、黄色（Y）叠加即生成红色、绿色、蓝色及黑色，如图 1-4 所示，黑色用来增加对比度，以补偿 CMY 产生黑度不足之用。由于印刷使用的油墨都包含一些杂质，单纯由 C、M、Y 三种油墨混合不能产生真正的黑色，因此需要加一种黑色（K）。CMYK 模式是一种减色模式，每一种颜色所占的百分比范围为 0% ~ 100%，百分比越高，颜色越深。

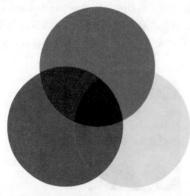

图1-3　三原色

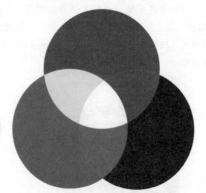

图1-4　四色印刷

3. 灰度模式

灰度模式的图像由 256 种颜色组成，因为每个像素可以用 8 位或 16 位颜色来表示，所以色调的表现力比较丰富，是图像处理中被广泛运用的模式。灰度模式可以将图片转变成黑白相片的效果，如图 1-5 所示。

图1-5 灰度模式的图像

专家提示

虽然 Photoshop 允许将灰度模式的图像再转换为彩色模式，但是原来已丢失的颜色信息将无法再获得，因此在将彩色图像转换为灰度模式之前，应先执行"存储为"命令保存一个备份图像文件。

4. 位图模式

位图模式也称为黑白模式，使用黑、白双色来描述图像中的像素，如图 1-6 所示，黑白之间没有灰度过渡色，该类图像占用的内存空间非常少。当一幅彩色图像要转换成黑白模式时，不能直接转换，必须先将图像转换成灰度模式。

图1-6 位图模式的图像

专家提示

在软件工作界面中，单击菜单栏中的"图像"|"模式"命令，将会弹出相应的子菜单，在其中选择一个选项即可转换图像的色彩模式。当一个图像文件为彩色图像时，单击菜单栏中的"图像"|"模式"命令，在弹出的子菜单中"位图"选项为灰色不可用状态。将该彩色照片转换为灰度模式的图像后，再单击菜单栏中的"图像"|"模式"命令，可以看到"位图"选项被激活，因此要转换图像色彩模式为位图模式，则需要先将其转换为灰度模式。

除了上述几种常用的图像颜色模式外，还有以下 4 种颜色模式。

■ 索引模式：索引颜色模式又称为图像映射色彩模式，它以一个颜色表存放图像颜色，最多存放 256 种颜色。索引颜色模式只支持单通道图像即 8 位 / 像素，此模式图像不能使用任何滤镜，可以用于多媒体动画或网络的应用。

■ Lab 模式：Lab 色彩模式包括了一个明度通道和两个颜色通道，是一种理论上包括了人眼能够看见的所有颜色的色彩模式，不依赖于光线和颜料。

■ 双色调模式：双色调模式通过 2 ～ 4 种自定义油墨创建双色调（两种颜色）、三色调（3 种颜色）和四色调（4 种颜色）的灰度图像。要将图像转换成双色调模式，应先转换为灰度模式。

■ 多通道模式：多通道模式是在每个通道中使用 256 级灰度，多通道图像对特殊打印非常有用。将 CMYK 模式图像转换为多通道模式后，可以创建青、洋红、黄和黑专色通道；将 RGB 模式图像转换为多通道模式后，可以创建红、绿和蓝专色通道。当用户从 RGB、CMYK 或 Lab 模式的图像中删除一个通道后，该图像会自动转换为多通道模式。

实用秘技 003

难度级别：★★
关键技术：文件格式

↘ 了解文件存储格式

实例解析：图像文件格式是指文件在计算机中表示、存储图像信息的格式，在面对不同的工作时，选择不同的文件格式是非常重要的。

| 素材文件：无 |
| 效果文件：无 |
| 视频文件：无 |

Photoshop CS6 软件支持 20 多种文件格式，下面介绍 7 种常用的存储格式。

（1）PSD/PSB 文件格式：PSD 格式是 Photoshop 软件的默认格式，也是唯一支持所有图像模式的文件格式，可以分别保存图像中的图层、通道、辅助线和路径等。PSB 格式是 Photoshop 中新建的一种文件格式，它属于大型文件，除了具有 PSD 格式文件的所有属性外，最大的特点就是支持宽度和高度最大为 30 万像素的文件，但是 PSB 格式也有缺点，就是存储的图像文件特别大，占用磁盘空间较多。由于在一些图形程序中没有得到很好的支持，所以其通用性不强。

（2）BMP 格式：BMP 格式是 DOS 和 Windows 兼容的计算机上的标准 Windows 图像格式，是英文 Bitmap（位图）的缩写。BMP 格式支持 1 ~ 24 位颜色深度，使用的颜色模式有 RGB、索引颜色、灰度和位图等，但不能保存 Alpha 通道。BMP 格式的特点是包含图像信息较丰富，几乎不对图像进行压缩，但占用磁盘空间大。

（3）JPEG 格式：JPEG 是一种高压缩比、有损压缩真彩色的图像文件格式，其最大的特点是文件比较小，可以进行高倍率的压缩，因而在注重文件大小的领域应用广泛，比如网络上要求高颜色深度的图像绝大部分都是使用 JPEG 格式。JPEG 格式支持 RGB、CMYK 和灰度颜色模式，但不支持 Alpha 通道。它主要用于图像预览和制作 HTML 网页。JPEG 格式是压缩率最高的图像格式之一，这是由于 JPEG 格式在压缩保存的过程中会以失真最小的方式丢掉一些肉眼不易察觉的数据，因此，保存后的图像与原图会有所差别，没有原图像的质量好，不宜在印刷、出版等高要求的场合下使用。

（4）AI 格式：AI 格式是 Illustrator 软件所特有的矢量图形存储格式。在 Photoshop 软件中将保存了路径的图像文件输出为 AI 格式，可以在 Illustrator 和 CorelDRAW 等矢量图形软件中直接打开并可以进行任意修改和处理。

（5）TIFF 格式：TIFF 格式用于在不同的应用程序和不同的计算机平台之间交换文件。TIFF 格式是一种通用的位图文件格式，几乎所有的绘画、图像编辑和页面版式应用程序均支持该文件格式。TIFF 格式能够保存通道、图层、路径，由此看来它与 PSD 格式没有什么区别，但实际上如果在其他应用程序中打开该文件格式所保存的图像，则所有图层将被合并，因此只有使用 Photoshop 打开保存图层的 TIFF 文件，才能修改其中的图层。

（6）GIF 格式：GIF 格式也是一种非常通用的图像格式，由于最多只能保存 256

种颜色，且使用 LZW 压缩方式压缩文件，因此 GIF 格式保存的文件非常轻便，不会占用太多的磁盘空间，非常适合 Internet 上的图片传输，GIF 格式还可以保存动画。

（7）EPS 格式：EPS 是 Encapsulated PostScript 首字母的缩写。EPS 可以说是一种通用的行业标准格式，可同时包含像素信息和矢量信息。除了多通道模式的图像之外，其他模式都可存储为 EPS 格式，但是它不支持 Alpha 通道。EPS 格式可以支持剪贴路径，在排版软件中可以产生镂空或蒙版效果。

实用秘技

004

难度级别：★★★
关键技术：工作界面

↘ 了解Photoshop界面

实例解析：Photoshop CS6的工作界面在原有的基础上进行了创新，许多功能更加界面化、按钮化，使用户在进行使用时更加直观、方便。

素材文件：无
效果文件：无
视频文件：无

Photoshop CS6 是全黑的工作界面，给用户以完全不同的视觉体验。在界面中单击菜单栏中的"编辑"|"首选项"|"界面"命令，在弹出的"首选项"对话框中，用户可以根据自己的喜好调整工作面板的深浅，在这里为了本书讲解图片内容的清晰，统一改为颜色较浅的灰白色。Photoshop CS6 工作界面主要由菜单栏、工具属性栏、工具箱、图像编辑窗口、状态栏、浮动面板等组成，如图 1-7 所示。

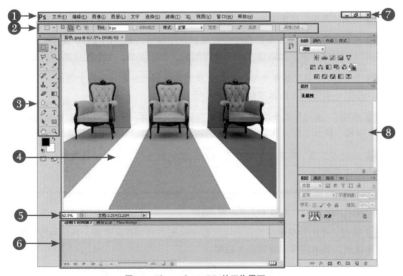

图1-7　Photoshop CS6的工作界面

❶ 菜单栏：包含可以执行的命令，单击菜单名称即可打开相应的菜单。

❷ 工具属性栏：用来设置工具的各种选项，随着所选工具不同而变换内容。

❸ 工具箱：包含用于执行各种操作的工具，如创建选区、移动图像等。

❹ 图像编辑窗口：用来编辑图像的窗口。

❺ 状态栏：显示打开文档的大小、尺寸、当前工具和窗口缩放比例等信息。

❻ "动画（时间轴）"等面板：显示"动画（时间轴）"、"测量记录"、"Mini Bridge"面板的相关信息。

❼ "最小化"等按钮：用来设置程序界面的最小化、最大化以及关闭程序的操作。

❽ 浮动面板：用来帮助用户编辑图像，设置编辑内容和设置颜色属性。

1. 菜单栏

菜单栏位于整个窗口的顶端，由"文件"、"编辑"、"图像"、"图层"、"文字"、"选择"、"滤镜"、3D、"视图"、"窗口"和"帮助"等11个菜单命令组成，如图1-8所示。

图1-8　菜单栏

❶ 文件：执行"文件"菜单命令，在弹出的下级菜单中可以执行新建、打开、存储、关闭、导入以及打印等一系列针对文件的命令。

❷ 编辑："编辑"菜单是对图像进行编辑的命令，包括还原、剪切、拷贝、粘贴、填充、变换以及定义图案等命令。

❸ 图像："图像"菜单中的命令主要是针对图像模式、颜色、大小等进行调整及设置。

❹ 图层："图层"菜单中的命令主要是针对图层进行相应的操作，这些命令便于对图层进行运用和管理，如新建图层、复制图层、蒙版图层、文字图层等。

❺ 文字："文字"菜单主要用于对文字对象进行创建和设置，包括创建工作路径、转换为形状、变形文字以及字体预览大小等。

❻ 选择："选择"菜单中的命令主要是针对选区进行操作，可以对选区进行反向、修改、变换、扩大、载入选区等操作，这些命令结合选区工具，更便于对选区的操作。

❼ 滤镜："滤镜"菜单中的命令可以为图像设置各种不同的特殊效果，在制作特效方面更是功不可没。

❽ 3D：3D菜单针对3D图像执行操作，通过这些命令可以打开3D文件、将2D图像创建为3D图形、进行3D渲染等操作。

❾ 视图："视图"菜单中的命令可对整个视图进行调整及设置，包括缩放视图、改变屏幕模式、显示标尺、设置参考线等。

⑩ 窗口："窗口"菜单主要用于控制 Photoshop CS6 工作界面中的工具箱和各个面板的显示和隐藏。

⑪ 帮助："帮助"菜单中提供了使用 Photoshop CS6 的各种版本信息。在使用 Photoshop CS6 的过程中，若遇到问题，可以查看该菜单，及时了解各种命令、工具和功能的使用。

图1-9　列表框

在菜单栏左侧的程序图标 Ps 上单击鼠标左键，在弹出的列表框中可以执行最小化窗口、最大化窗口、还原窗口、关闭窗口等操作，如图 1-9 所示。

> **专家提示**
>
> Photoshop CS6 的菜单栏相对于以前的版本，变化比较大，现在的 Photoshop CS6 标题栏和菜单栏是合并在一起的。另外，如果菜单中的命令呈灰色，则表示该命令在当前编辑状态下不可用；如果菜单命令右侧有一个三角形符号，则表示此菜单命令包含子菜单，将鼠标指针移动到该菜单命令上，即可打开其子菜单；如果菜单命令右侧有省略号"…"，则执行此菜单命令时将会弹出与之有关的对话框。

2. 工具属性栏

工具属性栏一般位于菜单栏的下方，主要用于对所选择工具的属性进行设置，它提供了当前所选择工具所包含的参数选项，其显示的内容会根据所选工具的不同而发生变化。在工具箱中选择相应的工具后，工具属性栏将显示该工具可使用的功能，例如选择工具箱中的画笔工具 ，属性栏中就会出现与画笔相关的参数设置，如图 1-10 所示。

图1-10　画笔工具的工具属性栏

单击工具属性栏中"模式"右侧的下拉按钮，在弹出的下拉列表框中包含多种混合模式，如图 1-11 所示，单击"不透明度"右侧的下拉按钮，会出现一个小滑块，可以进行数值调整，如图 1-12 所示。

图1-11　下拉列表框

图1-12　数值调整

3. 工具箱

工具箱位于工作界面的左侧，共有 50 多个，如图 1-13 所示。要使用工具箱中的工具，只需单击工具按钮即可在图像编辑窗口中使用。

若在工具按钮的右下角有一个小三角形，表示该工具按钮还有其他工具，在该工具按钮上单击鼠标左键的同时，即可弹出所隐藏的工具，如图 1-14 所示。

图1-13　工具箱　　　　　　　图1-14　显示隐藏工具

专家提示

除了运用上述方法可以在工具箱中选择隐藏的工具外，用户还可以运用以下两种方法选择隐藏工具。

- 快捷键：按住【Alt】键的同时，单击工具箱中的某一工具组按钮，即可切换一种工具，当用户需要选取的工具出现后，释放【Alt】键即可。
- 按钮：将光标移至需要选择的工具组按钮处，单击鼠标左键的同时，即可显示隐藏的工具。

4. 图像编辑窗口

在 Photoshop CS6 窗口中间的区域为工作区，当编辑文档时，工作区中将增加图像编辑窗口，图像编辑窗口是创作作品的主要工作区域，图形的绘制及图像的编辑都在该区域中进行。

在 图 像 编 辑 窗 口 中 可 以 实 现 Photoshop CS6 中的所有功能，也可以对该窗口进行多种操作，如改变窗口大小和位置等。当新建或打开多个文件时，图像标题栏的显示呈灰白色时，即为当前编辑窗口，如图 1-15 所示，此时所有操作将只针对该图像编辑窗口；若想对其他图像窗口进行编辑，使用鼠标单击需要编辑的图像窗口即可。

图1-15　打开多个文档的工作界面

5. 状态栏

状态栏位于图像编辑窗口的底部，主要用于显示当前所编辑图像的显示参数值及当前文档图像的相关信息。主要由显示比例、文件信息和提示信息等 3 部分组成。

状态栏左侧的数值框用于设置图像编辑窗口的显示比例，在该数值框中输入图像显示比例的数值后，按【Enter】键，当前图像即可按照设置的比例显示。

状态栏的右侧显示的是图像文件信息，单击文件信息右侧的三角形按钮，即可弹出菜单，用户可以根据需要选择相应命令，如图 1-16 所示。

图1-16　状态栏

❶ Adobe Drive：显示文档的 VersionCue 工作组状态。Adobe Drive 可以帮助用户链接到 VersionCue CS6 服务器，链接成功后，可以在 Window 资源管理器或 Mac OS Finder 中查看项目文件。

❷ 文档配置文件：显示图像中所有使用到的颜色配置文件的名称。

❸ 测量比例：查看文档的显示比例。

❹ 效率：查看执行操作实际花费的时间百分比。当效率为 100 时，表示当前处理的图像在内存中生成；如果低于 100，则表示 Photoshop 正在使用暂存盘，操作速度也会变慢。

❺ 当前工具：查看当前使用的工具名称。

❻ 保存进度：读取当前文档的保存进度。

❼ 文档大小：显示图像中数据量的信息。选择该命令后，状态栏中会出现两组数字，左边的数字显示了拼合图层并存储文件后的大小，右边的数字显示了包含图层和通道的近似大小。

❽ 文档尺寸：查看当前图像的尺寸。

❾ 暂存盘大小：查看关于处理图像内存和 Photoshop 暂存盘的信息，选择该命令后，状态栏将出现两组数字，左边的数字用于表达程序用来显示所有打开图像的内存量，右边的数字用于表达用于处理图像的总内存量。

❿ 计时：查看完成上一次操作所用的时间。

⓫ 32 位曝光：调整预览图像，以便在电脑显示器上查看 32 位 / 通道高动态范围图像的选项。只有文档窗口显示 HDR 图像时，该选项才可用。

6. 浮动面板

浮动面板是大多数软件比较常用的一种浮动方法，主要用于对当前图像的颜色、图层、样式以及相关的操作进行设置和控制。默认情况下，浮动面板是以面板组的形式出现，位于工作界面的右侧，用户可以进行分离、移动和组合。

若要选择某个浮动面板，可单击浮动面板窗口中相应的标签；若要隐藏某浮动面板，可单击"窗口"菜单中带 ✔ 标记的命令，或单击浮动面板窗口右上角的"关闭"按钮 ✕；要重新启动被隐藏的面板，可单击"窗口"菜单中不带 ✔ 标记的命令，如图 1-17 所示。

图1-17　显示浮动面板

1.2 照片文件基本操作

在使用 Photoshop CS6 处理数码照片时，需要先了解此软件的一些常用操作，如新建空白文件、打开照片文件和关闭文件等。熟练掌握各种操作，才能更好、更快地处理照片。

实用秘技 005

难度级别：★★★
关键技术："新建"命令

↘ 新建空白文件

实例解析：在Photoshop CS6中，用户若想编辑和处理数码照片，首先需要新建一个空白文件，然后才可以对数码照片进行相应的处理。

素材文件：无

效果文件：无

视频文件：光盘\视频\第1章\新建空白文件.mp4

01 在菜单栏中单击"文件"|"新建"命令，弹出"新建"对话框，设置选项如图1-18所示。

02 单击"确定"按钮，即可新建一幅空白的图像文件，如图1-19所示。

图1-18　"新建"对话框

图1-19　新建空白文件

❶ "名称"文本框：设置文件的名称，也可以使用默认的文件名。创建文件后，文件名会自动显示在文档窗口的标题栏中。

❷ "预设"下拉列表：可以选择不同的文档类别，如：Web、A3、A4打印纸、胶片和视频常用的尺寸预设。

❸ "宽度／高度"数值框：用来设置文档的宽度和高度，在各自的右侧下拉列表框中选择单位，如："像素"、"英寸"、"毫米"、"厘米"等。

❹ "分辨率"数值框：设置文件的分辨率，在右侧的下拉列表框中可以选择分辨率的单位，如："像素／英寸"、"像素／厘米"。

❺ "颜色模式"下拉列表框：用来设置文件的颜色模式，如："位图"、"灰度"、"RGB颜色"、"CMYK颜色"等。

❻ "背景内容"下拉列表框：设置文件背景内容，如："白色"、"背景色"、"透明"。

❼ "高级"按钮：单击"高级"按钮，可以显示出对话框中隐藏的内容，如："颜色配置文件"和"像素长宽比"等。

❽ "存储预设"按钮：单击此按钮，弹出"新建文档预设"对话框，可以输入预设名称并选择相应的选项。

❾ "删除预设"按钮：当选择自定义的预设文件以后，单击此按钮，可以将其删除。

❿ "图像大小"显示区：读取使用当前设置的文件大小。

实用秘技 006	↘ 打开照片文件
难度级别：★★★ 关键技术："打开"对话框	实例解析：在Photoshop CS6中，经常需要打开一个或多个照片文件进行编辑和修改，它可以打开多种文件格式，也可以同时打开多个文件。
	素材文件：光盘\素材\第1章\大伞.jpg
	效果文件：无
	视频文件：光盘\视频\第1章\打开照片文件.mp4

01 在菜单栏中单击"文件"|"打开"命令，如图1-20所示。

02 弹出"打开"对话框，选择需要打开的照片文件，如图1-21所示。

图1-20 单击"打开"命令

图1-21 选择照片文件

03 单击"打开"按钮，即可打开照片文件，如图 1-22 所示。

图1-22　照片文件

实用秘技

007

难度级别：★★★
关键技术："存储为"对话框

↘ **保存照片文件**

实 例 解 析：在Photoshop CS6中，当用户完成对照片的处理后，需要对照片进行保存操作，以便于日后使用。下面介绍保存照片文件的操作方法。

素 材 文 件：光盘\素材\第1章\梦里.jpg
效 果 文 件：光盘\效果\第1章\梦里.jpg
视 频 文 件：光盘\视频\第1章\保存照片文件.mp4

01 在菜单栏中单击"文件"|"打开"命令，打开素材图像，如图 1-23 所示。

图1-23　素材图像

02 单击菜单栏中的"文件"|"存储为"命令，弹出"存储为"对话框，设置保存路径与名称，如图 1-24 所示，单击"保存"按钮即可。

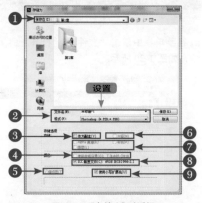

图1-24　"存储为"对话框

① "保存在"下拉列表框：用于设置保存图像文件的位置。

② "文件名 / 格式"下拉列表框：用于输入文件名，并根据需要选择文件的保存格式。

③ "作为副本"复选框：选中该复选框，可以另存副本文件，并与源文件保存位置一致。

④ "使用校样设置"复选框：当文件的保存格式为 EPS 或 PDF 时，才可选中该复选框。用于保存打印用的校样设置。

⑤ "缩览图"复选框：可以创建图像缩览图，方便以后在"打开"对话框中的底部显示图像缩览图。

⑥ "注释"复选框：用户可自由选择是否存储注释。

⑦ "Alpha 通道 / 图层 / 专色"复选框：用来选择是否存储 Alpha 通道、图层和专色。

⑧ "ICC 配置文件"复选框：用于保存嵌入文档中的 ICC 配置文件。

⑨ "使用小写扩展名"复选框：使文件扩展名显示为小写。

实用秘技

008

难度级别：★★★
关键技术："关闭"命令

↘ 关闭照片文件

实例解析：在 Photoshop CS6 中，当新建或打开多个照片文件时，可以根据需要将需要关闭的照片文件进行关闭，然后再继续下一步的工作。

素材文件：光盘\素材\第1章\梦里.jpg
效果文件：无
视频文件：光盘\视频\第1章\关闭照片文件.mp4

01 在菜单栏中单击"文件"|"关闭"命令，如图 1-25 所示。

02 执行上述操作后，即可关闭当前正在工作的图像文件，如图 1-26 所示。

图1-25 单击"关闭"命令

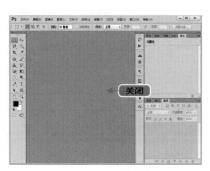

图1-26 关闭图像文件

专家提示

除了运用上述方法关闭图像文件外，还有以下4种常用的方法。

- 快捷键1：按【Ctrl + W】组合键，关闭当前文件。

- 快捷键2：按【Alt + Ctrl + W】组合键，关闭所有文件。

- 快捷键3：按【Ctrl + Q】组合键，关闭当前文件并退出 Photoshop。

- 按钮：单击图像文件标题栏上的"关闭"按钮 ✕ 。

Photoshop CS6 所支持的图像格式有二十几种，因此它也可以作为一个转换图像格式的工具来使用。在其他软件中导入图像，可能会受到图像格式的限制而不能导入，此时用户可以使用 Photoshop CS6 将图像格式转为软件所支持的格式。Photoshop CS6 所支持的格式主要有以下3种。

- Raw 格式：Raw 格式是一种灵活的文件格式，用于在应用程序与计算机平台之间传递图像。该格式支持具有 Alpha 通道的 CMYK/RGB 和灰度模式，以及无 Alpha 信道的多信道、LAB、索引和双色调模式等。

- PCX 格式：PCX 格式采用 GLE 无损压缩方式，支持24位、256色的图像，适合保存索引和线画稿模式的图像。该格式支持 RGB、索引、灰度和位图模式，以及一个颜色通道。

- PNG 格式：PNG 用于无损压缩和在 Web 上显示图像。与 GIF 不同，PNG 支持24位图像，并产生无锯齿状的透明背景，但某些早期的浏览器不支持该格式。

实用秘技

009

难度级别：★★★
关键技术："置入"命令

↘ 置入照片文件

实例解析：在 Photoshop CS6 中置入照片文件，是指将所选择的照片置入到当前编辑窗口中，然后在 Photoshop 中进行编辑。下面介绍置入照片文件的操作方法。

素材文件：光盘\素材\第1章\爱心叠印.jpg、眼镜美女.jpg

效果文件：光盘\效果\第1章\爱心叠印.psd

视频文件：光盘\视频\第1章\置入照片文件.mp4

01 在菜单栏中单击"文件"|"打开"命令，打开素材图像，如图1-27所示。

图1-27 素材图像

02 在菜单栏中单击"文件"|"置入"命令，如图1-28所示。

图1-28 单击"置入"命令

03 弹出"置入"对话框，从中选择要置入的图像文件，如图1-29所示。

图1-29 选择置入文件

04 单击"置入"按钮，即可置入图像文件，如图1-30所示。

图1-30 置入图像文件

专家提示

在 Photoshop CS6 中运用"置入"命令，可以在图像中放置 EPS、AI、PDP 和 PDF 格式的图像文件，该命令主要用于将一个矢量图像文件转换为位图图像文件。放置一个图像文件后，系统将创建一个新的图层。

需要注意的是，CMYK 模式的图片文件只能置入与其模式相同的图片。

1.3 照片查看基本方式

通常从已有的相机或者存储卡中将照片导入到计算机来获取数码照片后，用户可以运用 Photoshop 中的多种方式查看照片。本节主要介绍切换当前窗口、分栏查看照片、设置显示模式以及设置显示比例的操作方法。

实用秘技

010

难度级别：★★★
关键技术：图像编辑窗口

↘ 切换当前窗口

实例解析：在Photoshop CS6中，用户在处理图像过程中，如果界面的图像编辑窗口中同时打开多幅素材图像时，用户可以根据需要在各窗口之间进行切换。

| 素材文件：光盘\素材\第1章\姐妹花.jpg、花朵.jpg |
| 效果文件：无 |
| 视频文件：光盘\视频\第1章\切换当前窗口.mp4 |

01 在菜单栏中单击"文件"|"打开"命令，打开两幅素材图像，如图1-31所示。

图1-31　素材图像

02 在编辑窗口中将打开的图像设置在窗口中浮动，如图1-32所示。

图1-32　设置浮动

03 将鼠标移至"花朵"素材图像的编辑窗口上，单击鼠标左键，如图1-33所示。

图1-33　单击鼠标左键

04 执行上述操作后，即可将"花朵"素材图像切换为当前窗口，如图1-34所示。

图1-34　切换当前窗口

实用秘技 **011**

↳ **分栏查看照片**

实例解析：在Photoshop CS6中，当打开多个图像文件时，每次只能显示一个图像编辑窗口内的图像。若用户需要对多个窗口中的照片进行比较，则可分栏查看照片。

难度级别：★★★
关键技术："排列"命令

素材文件：光盘\素材\第1章\荷花.jpg、拍照.jpg、青春.jpg

效果文件：无

视频文件：光盘\视频\第1章\分栏查看照片.mp4

01 在菜单栏中单击"文件"|"打开"命令，打开3幅素材图像，如图1-35所示。

图1-35 素材图像

02 在菜单栏中单击"窗口"|"排列"|"平铺"命令，即可平铺图像，如图1-36所示。

图1-36 平铺图像

03 在菜单栏中单击"窗口"|"排列"|"使所有内容在窗口中浮动"命令，即可浮动排列图像窗口，如图1-37所示。

图1-37 浮动排列图像

04 在菜单栏中单击"窗口"|"排列"|"将所有内容合并到选项卡中"命令，即可以选项卡的方式排列图像窗口，如图1-38所示。

图1-38 以选项卡的方式排列图像

专家提示

当用户需要对窗口进行适当的布置时，可以将鼠标指针移至图像窗口的标题栏上，单击鼠标左键并拖曳，即可将图像窗口拖到屏幕的任意位置。

在Photoshop CS6中，分栏查看照片的方式有平铺、浮动排列、选项卡、拼贴、匹配缩放等。

实用秘技

012

难度级别：★ ★ ★
关键技术："屏幕模式"
命令

↘ **设置显示模式**

实例解析：用户在处理照片时，可以根据需要设置照片的显示模式。Photoshop CS6提供了3种不同的屏幕显示模式，即标准屏幕模式、带有菜单栏的全屏模式与全屏模式。

素材文件：光盘\素材\第1章\爱心甜点.jpg

效果文件：无

视频文件：光盘\视频\第1章\设置显示模式.mp4

01 在菜单栏中单击"文件"|"打开"命令，打开素材图像，此时的屏幕显示为标准屏幕模式，如图 1-39 所示。

图1-39 素材图像

03 在菜单栏中单击"视图"|"屏幕模式"|"全屏模式"命令，弹出提示信息框，如图 1-41 所示。

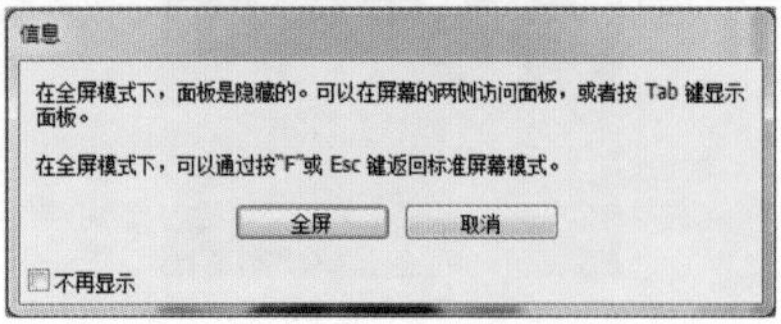

图1-41 提示信息框

02 在菜单栏中单击"视图"|"屏幕模式"|"带有菜单栏的全屏模式"命令，屏幕切换至带有菜单栏的全屏模式，如图 1-40 所示。

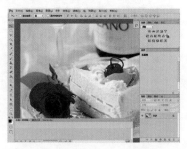

图1-40 带有菜单栏的全屏模式

04 单击"全屏"按钮，即可切换至全屏模式，如图 1-42 所示，在该模式下会隐藏窗口所有的内容，以获得图像的最大显示。

图1-42 全屏模式

▷ 专家提示

除了运用上述方法可以切换图像显示模式外，还有一种常用的快捷方法，用户只需按【F】键，即可在上述 3 种显示模式之间进行切换。另外，在工具箱中单击"更改屏幕模式"按钮 ，也可切换屏幕显示模式。

实用秘技

013

难度级别：★★★★
关键技术："显示比例"
文本框

↘ **设置显示比例**

实例解析：在Photoshop CS6中，处理数码照片时，用户可以根据需要设置数码照片的显示比例，从而方便查看照片的细节部位，提高照片的处理速度。

素材文件：	光盘\素材\第1章\夜景.jpg
效果文件：	无
视频文件：	光盘\视频\第1章\设置显示比例.mp4

01 在菜单栏中单击"文件"|"打开"命令，打开素材图像，如图 1-43 所示。

图1-43　素材图像

02 在状态栏左侧的文本框中设置图像显示比例为"100%"，如图 1-44 所示。

图1-44　设置显示比例

03 设置完成后，按【Enter】键确认，照片即可以 100% 比例显示，效果如图 1-45 所示。

图1-45　以100%比例显示照片

专家提示

　　除了运用上述方法可以设置照片的显示比例外，用户还可以使用缩放工具，对照片进行放大或缩小，从而调整照片的显示比例。

1.4 数码照片输出操作

在 Photoshop CS6 中完成数码照片的处理后，可以根据需要设置照片的输出属性。本节主要介绍设置输出背景、设置图像边界、设置双页打印以及打印多张图纸的操作方法。

实用秘技 **014**	↘ 设置输出背景
难度级别：★★★★ 关键技术："拾色器（打印背景色）"对话框	实例解析：在Photoshop CS6中，用户可以根据需要设置照片区域外的打印背景色，这样有利于更精确地裁剪图像。下面介绍设置输出背景的操作方法。
	素材文件：光盘\素材\第1章\花苞.jpg
	效果文件：无
	视频文件：光盘\视频\第1章\设置输出背景.mp4

01 在菜单栏中单击"文件"|"打开"命令，打开素材图像，如图 1-46 所示。

图1-46 素材图像

02 在菜单栏中单击"文件"|"打印"命令，弹出"Photoshop 打印设置"对话框，单击右侧"函数"选项区中的"背景"按钮，如图 1-47 所示。

图1-47 单击"背景"按钮

03 弹出"拾色器（打印背景色）"对话框，在其中设置 RGB 参数值分别为78、105 和194，如图 1-48 所示。

图1-48 设置RGB参数值

04 单击"确定"按钮，即可设置输出背景色，如图 1-49 所示，单击"完成"按钮，确认操作。

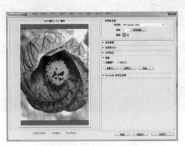

图1-49 设置输出背景

实用秘技

015

难度级别：★★★★
关键技术："边界"对话框

↘ 设置图像边界

实例解析：在Photoshop CS6中，用户可以根据需要为要打印的照片添加边界，这样打印出来的成品将添加黑色边界。下面介绍设置图像边界的操作方法。

素材文件：光盘\素材\第1章\守候.jpg
效果文件：无
视频文件：光盘\视频\第1章\设置图像边界.mp4

01 在菜单栏中单击"文件"|"打开"命令，打开素材图像，如图1-50所示。

图1-50 素材图像

02 在菜单栏中单击"文件"|"打印"命令，弹出"Photoshop打印设置"对话框，单击右侧"函数"选项区中的"边界"按钮，如图1-51所示。

图1-51 单击"边界"按钮

03 执行上述操作后，弹出"边界"对话框，在其中设置"宽度"为3.5，如图1-52所示。

04 单击"确定"按钮，即可设置图像边界，如图1-53所示，单击"完成"按钮，确认操作。

图1-53 设置图像边界

图1-52 "边界"对话框

实用秘技

016

难度级别：★★★★
关键技术：打印设置

↘ 设置双页打印

实例解析：在Photoshop CS6中，用户可以根据打印的需要，在"打印"对话框中设置双页打印图像。下面介绍设置双页打印的操作方法。

素材文件：光盘\素材\第1章\创意.jpg

效果文件：无

视频文件：光盘\视频\第1章\设置双页打印.mp4

01 在菜单栏中单击"文件"|"打开"命令，打开素材图像，如图1-54所示。

02 在菜单栏中单击"文件"|"打印"命令，弹出"Photoshop 打印设置"对话框，单击"打印设置"按钮，如图 1-55 所示。

图1-54 素材图像

图1-55 单击"打印设置"按钮

03 弹出"HP LaserJet 1020 属性"对话框，切换至"完成"选项卡，选中"双面打印（手动）"复选框，如图 1-56 所示，单击"确定"按钮，返回"Photoshop 打印设置"对话框，即可设置双页打印效果，单击"完成"按钮，确认操作。

图1-56 设置"双面打印"

实用秘技 **017**	**↘ 打印多张图纸**
	实例解析：在Photoshop CS6中，用户可以根据需要设置照片的打印份数，打印多张图纸。下面介绍打印多张图纸的操作方法。
难度级别：★★★★ 关键技术："份数"选项	素材文件：光盘\素材\第1章\拉拉队.jpg
	效果文件：无
	视频文件：光盘\视频\第1章\打印多张图纸.mp4

01 在菜单栏中单击"文件"|"打开"命令，打开素材图像，如图1-57所示。

图1-57　素材图像

02 在菜单栏中单击"文件"|"打印"命令，弹出"Photoshop 打印设置"对话框，设置"份数"为2，如图1-58所示，单击"完成"按钮即可。

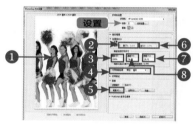

图1-58　"Photoshop 打印设置"对话框

❶ 图像预览区域：在该预览区域中，可以查看图像在打印机上的打印区域是否合适。

❷ "顶"数值框：表示图像距离打印纸顶边的距离。

❸ "缩放"数值框：表示图像打印的缩放比例，若选中"缩放以适合介质"复选框，则表示 Photoshop CS6 会自动将图像缩放至合适的大小，使图像能满幅打印到纸张上。

❹ "打印选定区域"复选框：如果图像本身有选区存在，在对话框中选中该复选框后，只打印选区内的图像。

❺ "背景"按钮：单击该按钮，将弹出"选择背景色"对话框。从中可以设置图像区域外的颜色，这些颜色不会对图像产生任何影响，只对打印页面之内的、图像内容以外的区域填充颜色。

❻ "左"数值框：表示图像距离打印纸左边的距离。

❼ "宽度"数值框：设置打印文件的宽度。

❽ "高度"数值框：设置打印文件的高度。

第2章

数码照片基本修饰

学前提示

Photoshop CS6 是一个功能全面、技巧多变的大众化图像处理软件，本章将围绕 Photoshop 处理和修饰数码照片的常用技巧，进行详细的讲解，让用户更好地处理和修饰数码照片。

本章重点

◎ 照片简单修饰

◎ 照片基本修饰

◎ 照片背景修饰

本章视频

2.1 照片简单修饰

在许多数码照片中，都存在着图像角度、视角、大小、照片破损或不完整的现象，为了照片的美观度，应当先对照片进行一些简单的处理，如裁剪照片、旋转照片等。

实用秘技
018

难度级别：★★★
关键技术："裁剪"命令

→ 裁剪照片素材

实例解析：在Photoshop CS6中，用户可以根据需要对照片素材进行裁剪，删除照片中一些多余的图像，让照片更加紧凑。下面介绍裁剪照片素材的操作方法。

素材文件：光盘\素材\第2章\树.jpg
效果文件：光盘\效果\第2章\树.jpg
视频文件：光盘\视频\第2章\裁剪照片素材.mp4

01 在菜单栏中单击"文件"|"打开"命令，打开素材图像，如图 2-1 所示。

图2-1 素材图像

03 在菜单栏中单击"图像"|"裁剪"命令，如图 2-3 所示。

图2-3 单击"裁剪"命令

02 选取工具箱中的矩形选框工具[⊡]，在窗口中创建一个矩形选区，如图 2-2 所示。

图2-2 创建矩形选区

04 即可裁剪照片素材，按【Ctrl + D】组合键取消选区，效果如图 2-4 所示。

图2-4 裁剪照片素材

专家提示

除了可以运用上述方法裁剪照片素材外，用户还可以按【C】键，快速选取裁剪工具[⊡]，对照片进行裁剪，以提高工作效率。

↘ 旋转照片素材

实用秘技

019

难度级别：★ ★ ★
关键技术："旋转"命令

实例解析：用户在拍照的过程中，往往会因为手法等问题而出现角度不正、视角倾斜等常见的问题。此时，可以使用Photoshop CS6旋转照片素材。

素材文件：光盘\素材\第2章\衣服.jpg

效果文件：光盘\效果\第2章\衣服.psd

视频文件：光盘\视频\第2章\旋转照片素材.mp4

01 在菜单栏中单击"文件"|"打开"命令，打开素材图像，如图2-5所示。

图2-5 素材图像

02 在"图层"面板中双击"背景"图层，弹出"新建图层"对话框，如图2-6所示。

图2-6 "新建图层"对话框

❶ "名称"文本框：在该文本框中输入新建图层的名称。

❷ "颜色"下拉列表框：设置新建图层的背景颜色。

❸ "模式"下拉列表框：设置新建图层的显示模式。

❹ "不透明度"数值框：设置新建图层的不透明度。

03 单击"确定"按钮，即可将"背景"图层转换为"图层0"图层，如图2-7所示。

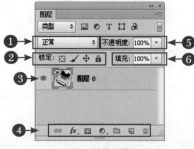

图2-7 转换图层

04 单击菜单栏中的"编辑"|"变换"|"旋转"命令，调出变换控制框，如图2-8所示。

图2-8 调出变换控制框

❶ "混合模式"选择框：用于设置当前图层的混合模式。

❷ "锁定"选项区：主要包括锁定透明像素 🔲、锁定图像像素 ✏️、锁定位置 ✛ 以及锁定全部 🔒4个按钮，单击各个按钮，即可进行相应的锁定设置。

❸ "图层可见性" 👁️：用来控制图层中图像的显示与隐藏状态。

❹ 快捷按钮：图层操作的常用快捷按钮，主要包括链接图层、添加图层样式、创建新图层以及删除图层等按钮。

❺ "不透明度"数值框：通过在该数值框中输入相应的数值，可以控制当前图层的透明属性。其中数值越小，当前的图层越透明。

❻ "填充"数值框：通过在数值框中输入相应的数值，可以控制当前图层中非图层样式部分的透明度。

05 将鼠标移至变换控制框左上角的控制柄处，此时鼠标呈弧形双向箭头显示，如图 2-9 所示。

06 单击鼠标左键并拖曳，旋转至合适位置后，按【Enter】键，确认变换，效果如图 2-10 所示。

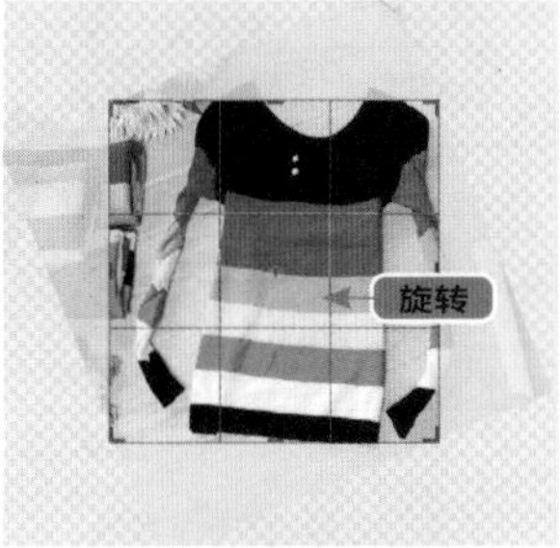

图2-9 双向箭头显示

图2-10 旋转图像效果

07 选取工具箱中的裁剪工具 🔲，在图像窗口中拖曳出矩形框，如图 2-11 所示。

08 按【Enter】键确认，即可裁剪对象，效果如图 2-12 所示。

图2-11 拖曳出矩形框

图2-12 裁剪图像效果

专家提示

用鼠标单击状态栏中间部分的同时，将显示当前图像的宽度、高度、通道以及分辨率等相关信息。

实用秘技

020

难度级别：★★★
关键技术："水平翻转画布"命令

↘ **翻转照片素材**

实例解析：在Photoshop CS6中，用户可以根据需要水平或垂直翻转照片素材，制作出漂亮的照片效果。下面介绍翻转照片素材的操作方法。

素材文件：光盘\素材\第2章\推动.jpg	
效果文件：光盘\效果\第2章\推动.jpg	
视频文件：光盘\视频\第2章\翻转照片素材.mp4	

01 在菜单栏中单击"文件"|"打开"命令，打开素材图像，如图2-13所示。

图2-13　素材图像

02 单击菜单栏中的"图像"|"图像旋转"|"水平翻转画布"命令，如图2-14所示。

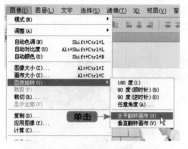

图2-14　单击"水平翻转画布"命令

03 执行上述操作后，即可将照片素材进行水平翻转，效果如图2-15所示。

图2-15　水平翻转效果

专家提示

　　除了上述方法可以水平翻转照片素材外，用户还可以在创建选区后单击菜单栏中的"编辑"|"变换"|"水平翻转"命令，进行水平翻转照片操作。

　　在图2-14中，若单击"图像旋转"子菜单中的"任意角度"命令，可以打开"旋转画布"对话框，在该对话框中输入旋转角度，即可按照设定的角度和方向精确旋转画布。

实用秘技

021

难度级别：★★★
关键技术：移动工具

↘ 移动照片素材

实例解析：移动工具是Photoshop中最基础的工具之一。选取工具箱中的移动工具 ，可以将图像进行随意的移动，还可以将图像拖曳至其他窗口中进行编辑。

素材文件：光盘\素材\第2章\清新.psd
效果文件：光盘\效果\第2章\清新.psd
视频文件：光盘\视频\第2章\移动照片素材.mp4

01 在菜单栏中单击"文件"|"打开"命令，打开素材图像，如图 2-16 所示。

图2-16 素材图像

02 选取工具箱中的移动工具 ，选择"图层 1"图层，如图 2-17 所示。

图2-17 选择"图层1"图层

03 将鼠标移至图像编辑窗口中要移动的图像上，如图 2-18 所示。

图2-18 移动鼠标

04 单击鼠标左键并向右拖曳至合适位置，即可移动照片对象，如图 2-19 所示。

图2-19 移动照片对象

专家提示

在"图层"面板中，用户还可以将"背景"图层解锁，然后再选取工具箱中的移动工具 ，移动背景图像至合适位置。

实用秘技

022

↘ **修补照片素材**

难度级别：★★★
关键技术：红眼工具

实例解析：在Photoshop CS6中，用户可以根据需要对拍摄不当的数码照片进行修补操作，如去红眼等。下面介绍修补照片素材的操作方法。

素材文件：光盘\素材\第2章\靓丽.jpg

效果文件：光盘\效果\第2章\靓丽.jpg

视频文件：光盘\视频\第2章\修补照片素材.mp4

01 在菜单栏中单击"文件"|"打开"命令，打开素材图像，如图 2-20 所示。

图2-20　素材图像

02 选取工具箱中的红眼工具 🔧，将鼠标移至人物图像的眼球处，如图 2-21 所示。

图2-21　移动鼠标

03 单击鼠标左键，即可去除左眼的红眼部分，效果如图 2-22 所示。

图2-22　去除红眼

04 在右眼处单击鼠标左键，即可完成照片素材的修补，效果如图 2-23 所示。

图2-23　照片修补效果

专家提示

　　眼睛是心灵的窗口，一张传神的人像数码照片，主要是抓住人物的神态，而神态主要通过眼神与嘴唇的局部特征来表现。如果用户拍摄的照片有瑕疵，可以使用Photoshop CS6软件对照片进行处理，包括修补人物眼睛、照片色彩等操作。

2.2 照片基本修饰

在拍照的过程中，会因为各种外界因素而导致拍出的照片不尽人意，出现物体倾斜、照片污点或照片噪点等问题，此时用户可以通过 Photoshop CS6 对有瑕疵的数码照片进行基本的修饰。本节主要介绍扶正倾斜照片、去除照片污点、去除照片噪点以及恢复照片原色等操作方法。

实用秘技 **023**	↳ **扶正倾斜照片**
难度级别：★★★★ 关键技术：旋转控制框	实例解析：当用户拍摄的照片中出现倾斜现象后，通常会通过Photoshop中的变换控制框来调整。下面介绍扶正倾斜照片的操作方法。
	素材文件：光盘\素材\第2章\塔.jpg
	效果文件：光盘\效果\第2章\塔.psd
	视频文件：光盘\视频\第2章\扶正倾斜照片.mp4

01 在菜单栏中单击"文件"|"打开"命令，打开素材图像，如图 2-24 所示。

图2-24　素材图像

02 单击菜单栏中的"图层"|"复制图层"命令，弹出"复制图层"对话框，保持默认设置，如图 2-25 所示。

图2-25　"复制图层"对话框

❶ "复制"显示区：用于显示复制的图层名称。

❷ "为"文本框：设置新复制的图层名称。

❸ "文档"下拉列表框：用于设置复制的目标图像文件的名称。

专家提示

在 Photoshop CS6 中，除了可以使用上述方法复制图层对象外，用户还可以在"图层"面板上，选择需要复制的图层，将其解锁后，按住【Shift + Alt】键并向下拖曳鼠标，释放鼠标左键后，即可复制图层。

03 单击"确定"按钮，即可复制图层，如图 2-26 所示。

图2-26　复制图层

04 单击菜单栏中的"编辑"|"变换"|"旋转"命令，如图 2-27 所示。

图2-27　单击"旋转"命令

05 调出旋转控制框，当鼠标指针呈旋转形状时，按住鼠标左键旋转控制框至适当位置，如图 2-28 所示。

图2-28　旋转控制框

06 在旋转控制框中，双击鼠标左键，即可扶正倾斜的照片对象，其图像效果如图 2-29 所示。

图2-29　扶正照片效果

07 选取工具箱中的裁剪工具 ，在图像窗口中拖曳出矩形框，如图 2-30 所示。

图2-30　拖曳出矩形框

08 按【Enter】键确认，即可裁剪对象，效果如图 2-31 所示。

图2-31　裁剪照片效果

实用秘技

024

难度级别：★ ★ ★
关键技术：污点修复画笔
工具

↘ 去除照片污点

实例解析：很多数码照片因为保存不当而沾上了污渍，继而影响照片的美观，此时可以使用修复工具将照片中的污点去掉。下面介绍去除照片污点的操作方法。

| 素材文件：光盘\素材\第2章\睡美人.jpg |
| 效果文件：光盘\效果\第2章\睡美人.jpg |
| 视频文件：光盘\视频\第2章\去除照片污点.mp4 |

01 在菜单栏中单击"文件"|"打开"命令，打开素材图像，如图 2-32 所示。

图2-32　素材图像

02 选取工具箱中的污点修复画笔工具 ，在属性栏上单击"单击以打开'画笔'选取器"按钮，弹出选取器，设置各选项，如图 2-33 所示。

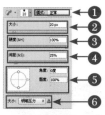

图2-33　设置各选项

❶ "模式"下拉列表：设置如何将绘画的颜色与下面的现有像素混合的方法，可用模式将根据当前选定工具的不同而变化。绘画模式与图层混合模式类似。

❷ "大小"设置区：用于设置画笔的笔尖大小。

❸ "硬度"设置区：控制画笔硬度中心的大小，但不能更改样本画笔的硬度。

❹ "间距"设置区：用于控制描边中两个画笔笔迹之间的距离。当没有设置此选项时，光标的速度将确定间距。

❺ "角度 / 圆度"设置区：角度用于指定椭圆画笔或样本画笔的长轴从水平方向旋转的角度。圆度用于指定画笔短轴和长轴之间的比率，100% 表示圆形画笔，0% 表示线性画笔，介于两者之间的值表示椭圆画笔。

❻ "大小"下拉列表：用于指定描边中画笔笔迹大小的改变方式。

专家提示

在污点修复画笔工具的选取器中若将"大小"设置为"关"，可以设置不控制画笔笔迹的大小变化。

03 选中"内容识别"单选钮,将鼠标移至图像编辑窗口中,单击鼠标左键并拖曳,涂抹区域呈黑色显示,如图2-34所示。

图2-34 涂抹图像1

04 当所需去除污点的图像区域被涂抹后,释放鼠标左键,稍等片刻,被涂抹区域的污迹消失,效果如图2-35所示。

图2-35 修复污点

05 采用与上面相同的方法,对图像区域上其他的污点进行涂抹,如图2-36所示。

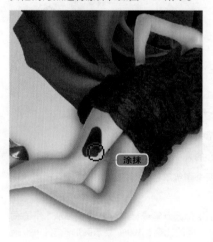

图2-36 涂抹图像2

06 完成涂抹后,释放鼠标左键,即可去除照片污点,效果如图2-37所示。

图2-37 去除照片污点

专家提示

在修复画笔工具 ✐ 的工具属性栏中选中"内容识别"单选钮,在修复图像污点时,是根据当前所涂抹图像周围区域的像素来进行识别并修复的。

实用秘技	↘ 去除照片噪点
025	实例解析：在Photoshop CS6中，用户可以根据需要对有瑕疵的数码照片进行修饰，去除照片中的噪点，让照片更加清晰。下面介绍去除照片噪点的操作方法。
难度级别：★★★ 关键技术："表面模糊" 命令	素材文件：光盘\素材\第2章\小孩.jpg 效果文件：光盘\效果\第2章\小孩.psd 视频文件：光盘\视频\第2章\去除照片噪点.mp4

01 在菜单栏中单击"文件"|"打开"命令，打开素材图像，如图2-38所示。

图2-38　素材图像

02 单击菜单栏中的"图层"|"复制图层"命令，弹出"复制图层"对话框，单击"确定"按钮，复制图层，如图2-39所示。

图2-39　复制图层

03 单击菜单栏中的"图层"|"智能对象"|"转换为智能对象"命令，如图2-40所示。

图2-40　单击"转换为智能对象"命令

04 执行上述操作后，即可将图层转换为智能对象，效果如图2-41所示。

图2-41　转换为智能对象

专家提示

　　除了运用上述方法可以将图层转换为智能对象外，用户还可以在该图层上单击鼠标右键，在弹出的快捷菜单中选择"转换为智能对象"选项即可。

05 单击菜单栏中的"滤镜"|"模糊"|"表面模糊"命令，如图 2-42 所示。

06 弹出"表面模糊"对话框，设置"半径"为 10、"阈值"为 40，如图 2-43 所示。

图2-42 单击"表面模糊"命令

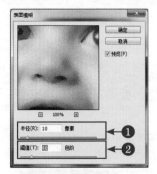

图2-43 "表面模糊"对话框

❶ "半径"设置区：用来指定模糊取样区域的大小。

❷ "阈值"设置区：阈值就是临界值，实际上是基于图片亮度的一个黑白分界值，默认值是 50% 中性灰，亮度高于 128（<50% 的灰）的会变白，低于 128（>50% 的灰）的会变黑。

07 单击"确定"按钮，即可模糊图像，如图 2-44 所示。

08 单击菜单栏中的"图层"|"新建调整图层"|"亮度 / 对比度"命令，如图 2-45 所示。

图2-44 模糊图像

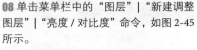

图2-45 单击"亮度/对比度"命令

09 弹出"新建图层"对话框，保持默认设置，如图 2-46 所示。

10 单击"确定"按钮，即可新建"亮度 / 对比度 1"调整图层，如图 2-47 所示。

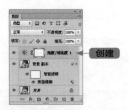

图2-47 新建"亮度/对比度1"调整图层

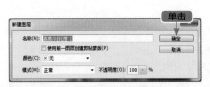

图2-46 "新建图层"对话框

11 在弹出的"亮度 / 对比度"调整面板中，设置"亮度"为 16、"对比度"为 20，如图 2-48 所示。

12 设置完成后，即可调整照片的亮度和对比度，效果如图 2-49 所示。

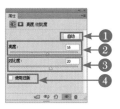

图2-48 "亮度/对比度"调整面板

图2-49 调整照片亮度和对比度

① "自动"按钮：单击该按钮，可自动调整图像中的亮度和对比度。

② "亮度"设置区：用于调整图像的亮度。该值为正时增加图像亮度，为负时降低亮度。

③ "对比度"设置区：用于调整图像的对比度。该值为正时增加图像对比度，为负时降低对比度。

④ "使用旧版"复选框：选中该复选框，可以用传统的方式调整图像亮度与对比度。

13 单击菜单栏中的"图层"|"新建调整图层"|"色彩平衡"命令，新建"色彩平衡"图层，展开"色彩平衡"调整面板，如图 2-50 所示。

14 在"属性"面板中，设置参数分别为 -15、-2、2，即可得到图像的最终效果，如图 2-51 所示。

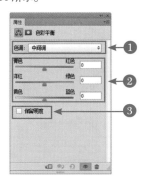

图2-50 "色彩平衡"调整面板

图2-51 最终效果

① "色调"下拉列表：包含 3 个选项。阴影：在调整阴影中的颜色平衡时，将在阴影中增加蓝色；中间调：可以用中间的色调调整图像的亮度与对比度；高光：可以用传统的方式调整图像的亮度与对比度。

② "色彩平衡"设置区：在文本框中输入数值，或拖动滑块可以增加或减少颜色。

③ "保留明度"复选框：可以保持图像的色调不变，防止亮度随颜色的更改而改变。

实用秘技

026

难度级别：★★★★
关键技术："色相/饱和度"命令

↘ 恢复照片原色

实例解析：色彩是人对事物的第一视觉印象，因此数码照片中的色彩感觉尤其重要。如果照片失去原有的色彩，此时可以通过Photoshop CS6恢复照片的色彩。

素材文件：光盘\素材\第2章\时尚.jpg

效果文件：光盘\效果\第2章\时尚.psd

视频文件：光盘\视频\第2章\恢复照片原色.mp4

01 在菜单栏中单击"文件"|"打开"命令，打开素材图像，如图2-52所示。

图2-52 素材图像

02 单击菜单栏中的"图层"|"新建"|"通过拷贝的图层"命令，即可拷贝"背景"图层，得到"图层1"图层，如图2-53所示。

图2-53 得到"图层1"图层

03 在菜单栏中单击"图层"|"新建调整图层"|"色相/饱和度"命令，如图2-54所示。

图2-54 单击"色相/饱和度"命令

04 新建"色相/饱和度"图层，展开"色相/饱和度"调整面板，设置其中各参数值分别为25、-10、8，如图2-55所示。

图2-55 "色相/饱和度"调整面板

❶ "参数"设置区：用于设置调整图层中的色相/饱和度参数。

❷ 功能按钮区：单击各个按钮，即可对调整图层进行相应操作。

05 执行上述操作后，即可调整照片的色相和饱和度，效果如图 2-56 所示。

图2-56 调整照片的色相和饱和度

06 单击菜单栏中的"图层"|"新建调整图层"|"色阶"命令，展开"色阶"调整面板，设置各参数，如图 2-57 所示。

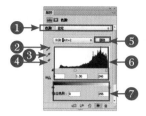

图2-57 "色阶"调整面板

❶ "预设"下拉列表：用于设置色阶的模式。

❷ "在图像中取样以设置黑场"按钮：使用该工具在图像中单击，可以把单击点的像素调整为黑色，原图中比该点暗的像素也变为黑色。

❸ "在图像中取样以设置灰场"按钮：使用该工具在图像中单击，可以根据单击点像素的亮度来调整其他中间色调的平均亮度，通常用来校正色偏。

❹ "在图像中取样以设置白场"按钮：使用该工具在图像中单击，可以将单击点的像素调整为白色，原图中比该点亮度值高的像素也都会变为白色。

❺ "自动"按钮：单击该按钮，可以应用自动颜色校正，Photoshop 会以 0.5% 的比例自动调整图像色阶，使图像的亮度分布更加均匀。

❻ "输入色阶"设置区：用来调整图像的阴影、中间调和高光区域。

❼ "输出色阶"设置区：可以限制图像的亮度范围，从而降低对比度，使图像呈现褪色效果。

07 单击菜单栏中的"图层"|"新建调整图层"|"亮度/对比度"命令，展开"亮度/对比度"调整面板，设置各参数，如图 2-58 所示。

图2-58 "亮度/对比度"调整面板

08 执行上述操作后，得到图像的最终效果，如图 2-59 所示。

图2-59 最终效果

实用秘技

027

难度级别：★★★★
关键技术："智能锐化"命令

↘ 清晰显示照片

实例解析：很多照片会因为时间的推移而变得模糊不清，此时可以使用相应的Photoshop修复工具，将模糊的照片变得清晰。下面介绍清晰显示照片的操作方法。

素材文件：光盘\素材\第2章\母子.jpg	
效果文件：光盘\效果\第2章\母子.jpg	
视频文件：光盘\视频\第2章\清晰显示照片.mp4	

01 在菜单栏中单击"文件"|"打开"命令，打开素材图像，如图2-60所示。

图2-60　素材图像

02 单击菜单栏中的"滤镜"|"锐化"|"智能锐化"命令，如图2-61所示。

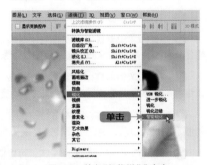

图2-61　单击"智能锐化"命令

03 弹出"智能锐化"对话框，设置各参数，如图2-62所示。

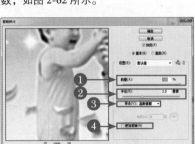

图2-62　"智能锐化"对话框

04 单击"确定"按钮，即可清晰显示照片，效果如图2-63所示。

图2-63　清晰显示照片

❶ "数量"设置区：用于设置智能锐化强度的大小，该参数值越大，边缘锐化强度就越高。

❷ "半径"设置区：用于设置智能锐化的半径参数。

❸ "移去"下拉按钮：用于设置"模糊"滤镜。

❹ "更加准确"复选框：选中该复选框，可以更加精确地锐化图像。

2.3 照片背景修饰

使用 Photoshop CS6 软件不仅可以在照片的细节上进行处理，还可以对照片的背景进行处理，以达到一些特殊的效果。本节主要介绍虚化背景显示、去除照片杂物等操作方法。

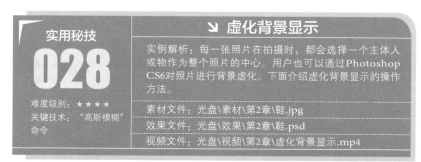

实用秘技 028

难度级别：★★★★
关键技术："高斯模糊"命令

↘ 虚化背景显示

实例解析：每一张照片在拍摄时，都会选择一个主体人或物作为整个照片的中心。用户也可以通过Photoshop CS6对照片进行背景虚化。下面介绍虚化背景显示的操作方法。

素材文件：光盘\素材\第2章\鞋.jpg

效果文件：光盘\效果\第2章\鞋.psd

视频文件：光盘\视频\第2章\虚化背景显示.mp4

01 在菜单栏中单击"文件"|"打开"命令，打开素材图像，如图 2-64 所示。

图2-64 素材图像

02 展开"图层"面板，复制"背景"图层，得到"背景 副本"图层，如图 2-65 所示。

图2-65 得到"背景 副本"图层

03 单击菜单栏中的"滤镜"|"模糊"|"高斯模糊"命令，弹出"高斯模糊"对话框，设置"半径"为8，如图 2-66 所示。

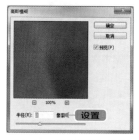

图2-66 "高斯模糊"对话框

04 单击"确定"按钮，即可应用"高斯模糊"滤镜，使图像整体变模糊，效果如图 2-67 所示。

图2-67 模糊图像

专家提示

应用"模糊"滤镜，可以降低图像的清晰度或对比度，使得图像产生模糊的效果，以使图像产生一些特殊的效果。

05 单击菜单栏中的"图层"|"图层蒙版"|"显示全部"命令，此时"背景 副本"图层添加了一个图层蒙版，如图2-68所示。

图2-68 添加图层蒙版

06 选取工具箱中的画笔工具 ，在工具属性栏上单击"点按可打开'画笔预设'选取器"按钮，展开选取器，设置画笔参数，如图2-69所示。

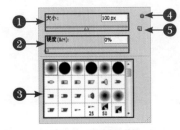

图2-69 设置画笔参数

❶ "大小"设置区：用于设置画笔笔尖的直径大小。

❷ "硬度"设置区：控制画笔硬度中心的大小。

❸ "画笔预设"列表框：可以选取现有的预设画笔。

❹ "画笔菜单"按钮：单击该按钮，可弹出相应画笔菜单，用于管理和载入画笔等。

❺ "新建画笔"按钮：单击该按钮，可以新建自定义画笔。

07 设置前景色为黑色，在鞋跟处单击鼠标左键，对图像进行适当的涂抹，则鞋跟区域变得清晰，效果如图2-70所示。

图2-70 涂抹图像

08 参照步骤（6）~（7）的操作方法，调整画笔的大小，再对图像进行适当的涂抹，效果如图2-71所示。

图2-71 虚化背景显示效果

实用秘技

029

难度级别：★★★★
关键技术：仿制图章工具

↘ 去除照片杂物

实例解析：在拍摄数码照片的过程中，镜头中经常会出现一些多余的人物或妨碍照片美观的物体，此时用户可以通过Photoshop CS6去除照片中的杂物。

| 素材文件：光盘\素材\第2章\家居.jpg |
| 效果文件：光盘\效果\第2章\家居.psd |
| 视频文件：光盘\视频\第2章\去除照片杂物.mp4 |

01 在菜单栏中单击"文件"|"打开"命令，打开素材图像，如图 2-72 所示。

图2-72　素材图像

02 在"图层"面板中，选择"背景"图层，按【Ctrl + J】组合键，复制"背景"图层得到"图层 1"图层，如图 2-73 所示。

图2-73　复制"背景"图层

03 选取工具箱中的仿制图章工具 ，将鼠标指针移至图像编辑窗口中，按住【Alt】键的同时，单击鼠标左键进行取样，如图 2-74 所示。

图2-74　取样图像

04 在图像窗口中的书本对象上，单击鼠标左键并拖曳，即可涂抹对象，去除照片中的杂物，效果如图 2-75 所示。

图2-75　去除照片杂物

▶ **专家提示**

用户可以设置仿制图章工具属性栏中的不透明度和流量，可以控制对仿制区域应用不同的绘制方式。

实用秘技

030

↘ 替换背景图像

实例解析：由于环境的影响或者拍摄的地点不当，照片中的背景有时并不能很好地衬托主体，此时可以通过 Photoshop CS6轻松替换照片中的背景图像。

难度级别：★★★★★
关键技术："通道"面板

素材文件：光盘\素材\第2章\亲密.jpg、背景.jpg

效果文件：光盘\效果\第2章\亲密.psd

视频文件：光盘\视频\第2章\替换背景图像.mp4

01 在菜单栏中单击"文件"|"打开"命令，打开素材图像，如图 2-76 所示。

图2-76　素材图像1

02 展开"图层"面板，选择"背景"图层，按 [Ctrl+J] 组合键，得到"背景 副本"图层，如图 2-77 所示。

图2-77　复制"背景"图层

03 展开"通道"面板，选择"蓝"通道，如图 2-78 所示。

图2-78　选择"蓝"通道

04 将其拖曳至面板下方的"创建新通道"按钮 上，释放鼠标后即可复制"蓝"通道，得到"蓝 副本"通道，如图 2-79 所示。

图2-79　复制"蓝"通道

专家提示

在 Photoshop CS6 的"通道"面板中，用户还可以按【Ctrl + 5】组合键，快速选择"蓝"通道。

05 单击菜单栏中的"图像"|"调整"|"色阶"命令，如图 2-80 所示。

图2-80　单击"色阶"命令

06 弹出"色阶"对话框，设置"通道"为"蓝 副本"，再依次设置各参数值为149、1、199，如图 2-81 所示。

图2-81　"色阶"对话框

1 "预设"下拉列表：单击"预设选项"按钮 ，在弹出的列表框中，选择"存储预设"选项，可以将当前的调整参数保存为一个预设的文件。

2 "通道"下拉列表：可以选择一个通道进行调整，调整通道会影响图像的颜色。

3 "选项"按钮：单击该按钮，可以打开"自动颜色校正选项"对话框，在该对话框中可以设置黑色像素和白色像素的比例。

07 单击"确定"按钮，人物图像的亮调和暗调随之改变，效果如图 2-82 所示。

图2-82　调整亮调/暗调

08 单击菜单栏中的"图像"|"调整"|"反相"命令，将图像反相，效果如图 2-83 所示。

图2-83　反相图像

09 选取工具箱中的画笔工具 ，设置前景色为白色，在图像上进行适当的涂抹，效果如图 2-84 所示。

图2-84　涂抹图像

10 按住【Ctrl】键的同时，单击"蓝 副本"通道上的缩览图，调出选区，再单击 RGB 通道，如图 2-85 所示。

图2-85　调出选区

11 单击菜单栏中的"图层"|"新建"|"通过拷贝的图层"命令，如图 2-86 所示。

图2-86　单击"通过拷贝的图层"命令

12 执行上述操作后，即可拷贝选区内的图像，得到"图层 1"图层，如图 2-87 所示。

图2-87　得到"图层1"图层

13 选择"背景"图层，单击"图层"|"隐藏图层"命令，隐藏该图层，用同样的方法，隐藏"背景 副本"图层，如图 2-88 所示。

图2-88　隐藏图层

14 执行上述操作后，即可查看通过通道抠图后的图像效果，如图 2-89 所示。

图2-89　隐藏图层效果

15 单击菜单栏中的"文件"|"打开"命令，打开一幅素材图像，如图 2-90 所示。

图2-90　素材图像2

16 选择工具箱中的移动工具将图像拖曳至"亲密"图像编辑窗口中，并对图像的大小、图层的位置进行适当的调整，效果如图 2-91 所示。

图2-91　调整图像效果

照片美化篇

第3章

数码照片艺术色彩

学前提示

数码照片的艺术色彩对于人类来说，是一种不可或缺的元素，在任何时期，人们对于艺术色彩的品质和要求都是非常高标准的。本章主要介绍数码照片艺术色彩的基本知识。

本章重点

◎ 转换照片颜色模式

◎ 照片色彩基本调整

◎ 照片色彩高级处理

本章视频

3.1 转换照片颜色模式

在 Photoshop CS6 中，用户可以根据需要转换数码照片的颜色模式。本节主要介绍灰度模式、RGB 模式、CMYK 模式以及多通道模式的转换方法。

实用秘技 031

↘ **转换照片为灰度模式**

实例解析：在Photoshop CS6中，用户可以根据需要将RGB模式的数码照片转换为灰度模式。下面介绍转换照片为灰度模式的操作方法。

难度级别：★★
关键技术："灰度"命令

素材文件：光盘\素材\第3章\白花.jpg
效果文件：光盘\效果\第3章\白花.jpg
视频文件：光盘\视频\第3章\转换照片为灰度模式.mp4

01 在菜单栏中单击"文件"|"打开"命令，打开素材图像，如图 3-1 所示。

图3-1 素材图像

02 单击菜单栏中的"图像"|"模式"|"灰度"命令，如图 3-2 所示。

图3-2 单击"灰度"命令

03 弹出信息提示框,提示是否扔掉颜色信息，单击"扔掉"按钮，如图 3-3 所示。

图3-3 信息提示框

04 执行上述操作后，即可将照片转换为灰度模式，效果如图 3-4 所示。

图3-4 转换为灰度模式

▷ **专家提示**

在弹出的信息提示框中，用户若选中"不再显示"复选框，下次将照片转换为灰度模式时，就不会弹出该信息提示框，直接进行转换。

实用秘技

032

难度级别：★★
关键技术："RGB颜色"命令

↘ 转换照片为RGB模式

实例解析：在Photoshop CS6中，用户还可以将其他模式的数码照片转换为RGB模式。下面介绍转换照片为RGB模式的操作方法。

素材文件：光盘\素材\第3章\自然.psd

效果文件：光盘\效果\第3章\自然.psd

视频文件：光盘\视频\第3章\转换照片为RGB模式.mp4

01 在菜单栏中单击"文件"|"打开"命令，打开素材图像，如图 3-5 所示。

图3-5 素材图像

02 单击菜单栏中的"图像"|"模式"|"RGB颜色"命令，如图 3-6 所示。

图3-6 单击"RGB颜色"命令

03 执行上述操作后，即可将照片转换为 RGB 模式，效果如图 3-7 所示。

图3-7 转换为RGB模式

专家提示

RGB 颜色模式是目前应用最广泛的颜色模式之一，该模式由 3 个颜色通道组成，即红、绿、蓝 3 个通道。用 RGB 模式处理图像比较方便，且文件较小。

实用秘技 **033**

难度级别：★★★
关键技术："CMYK颜色"命令

↘ **转换照片为CMYK模式**

实例解析：CMYK代表印刷图像时所用的印刷四色，分别是青、洋红、黄、黑，CMYK颜色模式是打印机唯一认可的彩色模式。下面介绍转换照片为CMYK模式的方法。

素材文件：光盘\素材\第3章\茶花.jpg
效果文件：光盘\效果\第3章\茶花.jpg
视频文件：光盘\视频\第3章\转换照片为CMYK模式.mp4

01 在菜单栏中单击"文件"|"打开"命令，打开素材图像，如图 3-8 所示。

图3-8　素材图像

02 单击菜单栏中的"图像"|"模式"|"CMYK颜色"命令，如图 3-9 所示。

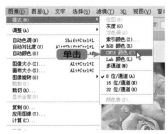

图3-9　单击"CMYK颜色"命令

03 弹出信息提示框，单击"确定"按钮，如图 3-10 所示。

图3-10　信息提示框

04 执行上述操作后，即可将照片转换为CMYK模式，效果如图 3-11 所示。

图3-11　转换为CMYK模式

专家提示

　　一幅彩色图像不能多次在 RGB 与 CMYK 模式之间转换，因为每一次转换都会损失一次图像颜色质量。

　　CMYK 模式虽然能免除色彩方面的不足，但是运算速度很慢，这是因为 Photoshop 必须将 CMYK 转变成屏幕的 RGB 色彩值。

实用秘技

034

难度级别：★★★
关键技术："多通道"命令

↘ **转换照片为多通道模式**

实例解析：在Photoshop CS6中，用户可以根据需要将数码照片转换为多通道模式。下面介绍转换照片为多通道模式的操作方法。

素材文件：光盘\素材\第3章\菊花.jpg

效果文件：光盘\效果\第3章\菊花.psd

视频文件：光盘\视频\第3章\转换照片为多通道模式.mp4

01 在菜单栏中单击"文件"|"打开"命令，打开素材图像，如图3-12所示。

图3-12　素材图像

02 单击菜单栏中的"图像"|"模式"|"多通道"命令，如图3-13所示。

图3-13　单击"多通道"命令

03 执行上述操作后，即可将照片转换为多通道模式，效果如图3-14所示。

图3-14　转换为多通道模式

▶ **专家提示**

在 Photoshop CS6 中，多通道模式对于有特殊打印要求的图像非常有用。使用多通道模式可以减少印刷成本并保证图像颜色的正确输出。

3.2 照片色彩基本调整

在 Photoshop CS6 中，照片的亮度、饱和度以及对比度等问题是照片色彩处理过程中常见的，这些问题只要稍做调整，即可使照片更加自然、美观。

实用秘技 035	↘ 调整照片黑白
	实例解析：在Photoshop CS6中，运用"黑白"命令可以将图像调整为具有艺术感的黑白效果图像，也可以调整出不同的单色艺术效果。下面介绍调整照片黑白的操作方法。
难度级别：★★★	素材文件：光盘\素材\第3章\温馨.jpg
关键技术："黑白"对话框	效果文件：光盘\效果\第3章\温馨.jpg
	视频文件：光盘\视频\第3章\调整照片黑白.mp4

01 在菜单栏中单击"文件"|"打开"命令，打开素材图像，如图 3-15 所示。

图3-15　素材图像

02 单击菜单栏中的"图像"|"调整"|"黑白"命令，如图 3-16 所示。

图3-16　单击"黑白"命令

03 弹出"黑白"对话框，设置各参数，如图 3-17 所示。

图3-17　"黑白"对话框

04 单击"确定"按钮，即可调整照片黑白，效果如图 3-18 所示。

图3-18　调整照片黑白

❶ "自动"按钮：单击该按钮，可以设置基于图像颜色值的灰度混合，并使灰度值的分布最大化。

❷ "颜色调整"设置区：拖动各个颜色的滑块可以调整图像中特定颜色的灰色调，向左拖动灰色调变暗，向右拖动灰色调变亮。

❸ "色调"复选框：选中该复选框，可以为灰度着色，创建单色调效果，拖动"色相"和"饱和度"滑块进行调整，单击颜色块，可以打开"拾色器"对话框对颜色进行调整。

实用秘技

036

难度级别：★★★
关键技术："亮度/对比度"对话框

↘ 调整照片亮度

实例解析：照片中的"亮度"是指光线照射的强度，用户可以通过Photoshop CS6调整照片的亮度。下面介绍调整照片亮度的操作方法。

素材文件：光盘\素材\第3章\湖.jpg

效果文件：光盘\效果\第3章\湖.jpg

视频文件：光盘\视频\第3章\调整照片亮度.mp4

01 在菜单栏中单击"文件"|"打开"命令，打开素材图像，如图3-19所示。

图3-19　素材图像

02 单击菜单栏中的"图像"|"调整"|"亮度/对比度"命令，如图3-20所示。

图3-20　单击"亮度/对比度"命令

03 弹出"亮度/对比度"对话框，在"亮度"文本框中输入120，如图3-21所示。

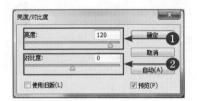

图3-21　"亮度/对比度"对话框

04 单击"确定"按钮，即可调整照片的亮度，效果如图3-22所示。

图3-22　调整照片亮度

❶ "亮度"设置区：用于调整图像的亮度，该值为正值时增加图像亮度，为负值时降低亮度。

❷ "对比度"设置区：用于调整图像的对比度，正值时增加图像对比度，负值时降低对比度。

专家提示

若在"亮度/对比度"对话框中选中"使用旧版"复选框，再调整亮度，则图像的暗部与亮度的反差较为强烈；而取消选中该复选框，则图像的整体色调较为和谐、均衡。

实用秘技

037

难度级别：★★★

关键技术："色相/饱和度"对话框

↘ 调整照片饱和度

实例解析："饱和度"是指色彩的鲜艳程度，取决于颜色的波长。下面介绍通过调整照片的饱和度，来增加照片鲜艳程度的操作方法。

| 素材文件：光盘\素材\第3章\花朵.jpg |
| 效果文件：光盘\效果\第3章\花朵.jpg |
| 视频文件：光盘\视频\第3章\调整照片饱和度.mp4 |

01 在菜单栏中单击"文件"|"打开"命令，打开素材图像，如图3-23所示。

图3-23 素材图像

02 单击菜单栏中的"图像"|"调整"|"色相/饱和度"命令，如图3-24所示。

图3-24 单击"色相/饱和度"命令

03 弹出"色相/饱和度"对话框，在"饱和度"文本框中输入50，如图3-25所示。

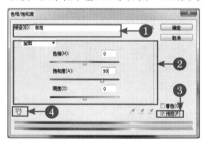

图3-25 "色相/饱和度"对话框

04 单击"确定"按钮，即可调整照片的饱和度，效果如图3-26所示。

图3-26 调整照片饱和度

❶ "预设"下拉列表：在"预设"下拉列表框中提供了8种色相/饱和度预设。

❷ "通道"设置区：在"通道"下拉列表框中可以选择全图、红色、黄色、绿色、青色、蓝色和洋红通道，并可以调整色相、饱和度、明度。

❸ "着色"复选框：选中该复选框后，图像会整体偏向于单一的红色调。

❹ "在图像上单击并拖动可修改饱和度"按钮：使用该工具在图像上单击设置取样点后，向右拖曳鼠标可以增加图像的饱和度，向左拖曳鼠标可以降低图像的饱和度。

实用秘技
038

难度级别：★★★
关键技术："亮度/对比度"对话框

↘ 调整照片对比度

实例解析：照片对比度的调整在图像处理中的应用非常广泛，主要用于对图像的整体色调进行简单调整，从而增强图像的感染力。下面介绍调整照片对比度的操作方法。

素材文件：光盘\素材\第3章\溪水.jpg
效果文件：光盘\效果\第3章\溪水.jpg
视频文件：光盘\视频\第3章\调整照片对比度.mp4

01 在菜单栏中单击"文件"|"打开"命令，打开素材图像，如图3-27所示。

图3-27 素材图像

02 单击菜单栏中的"图像"|"调整"|"亮度/对比度"命令，如图3-28所示。

图3-28 单击"亮度/对比度"命令

03 弹出"亮度/对比度"对话框，在"对比度"文本框中输入100，如图3-29所示。

图3-29 "亮度/对比度"对话框

04 单击"确定"按钮，即可调整照片的对比度，效果如图3-30所示。

图3-30 调整照片对比度

专家提示

如果用户需要简单而快速地调整图像的对比度,可以单击菜单栏中的"图像"|"自动对比度"命令，快速校正颜色的对比度。

对比度指的是一幅图像中明暗区域最亮的白和最暗的黑之间不同亮度层级的测量，差异范围越大代表对比越大，差异范围越小代表对比越小。

实用秘技

039

↘ **精确调整照片色彩**

实例解析：如果用户拍摄的照片整体条理感不够分明，色彩不够丰满，则可以对色彩进行精确调整。下面介绍精确调整照片色彩的操作方法。

难度级别：★★★
关键技术："曲线"对话框

素材文件：光盘\素材\第3章\荷花.jpg	
效果文件：光盘\效果\第3章\荷花.psd	
视频文件：光盘\视频\第3章\精确调整照片色彩.mp4	

01 在菜单栏中单击"文件"|"打开"命令，打开素材图像，如图3-31所示。

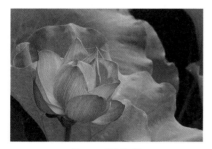

图3-31 素材图像

02 在"图层"面板中复制"背景"图层，得到"背景 副本"图层，如图3-32所示。

图3-32 复制"背景"图层

03 单击菜单栏中的"图像"|"调整"|"曲线"命令，弹出"曲线"对话框，在调节线上添加一个节点，并设置"输出"、"输入"分别为162、120，如图3-33所示。

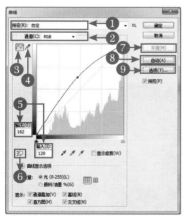

图3-33 "曲线"对话框

04 确认选中"预览"复选框，通过调整曲线节点后，数码照片的整体亮度被提亮，效果如图3-34所示。

图3-34 调整照片亮度

❶ "预设"下拉列表：包含了 Photoshop 提供的各种预设调整文件，可以用于调整图像。

❷ "通道"下拉列表：在其下拉列表框中可以选择要调整的通道，调整通道会改变图像的颜色。

❸ "编辑点以修改曲线"按钮：该按钮为选中状态，此时在曲线中单击可以添加新的控制点，拖动控制点改变曲线形状即可调整图像。

❹ "通过绘制来修改曲线"按钮：单击该按钮后，可以绘制手绘效果的自由曲线。

❺ "输出 / 输入"数值框："输入"色阶显示调整前的像素值，"输出"色阶显示了调整后的像素值。

❻ "在图像上单击并拖动可以修改曲线"按钮：单击该按钮后，将光标放在图像上，曲线上会出现一个圆形图形，它代表光标处的色调在曲线上的位置，在画面中单击并拖动鼠标可以添加控制点并调整相应的色调。

❼ "平滑"按钮：在对话框中使用铅笔绘制曲线后，单击该按钮，可以对曲线进行平滑处理。

❽ "自动"按钮：单击该按钮，可以对图像应用"自动颜色"、"自动对比度"或"自动色调"校正，具体校正内容取决于"自动颜色校正选项"对话框中的设置。

❾ "选项"按钮：单击该按钮，可以打开"自动颜色校正选项"对话框。自动颜色校正选项用来控制由"色阶"和"曲线"中的"自动颜色"、"自动色调"、"自动对比度"和"自动"选项应用的色调和颜色校正。它允许指定"阴影"和"高光"剪切百分比，并为阴影、中间调和高光指定颜色值。

05 设置"通道"为"红"，添加两个节点，并分别设置"输出"和"输入"为41、87 和 210、210，如图 3-35 所示。

06 设置完成后，单击"确定"按钮，即可精确调整数码照片的色彩，效果如图 3-36 所示。

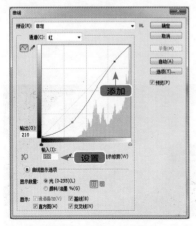

图3-35　设置红通道参数

图3-36　调整照片色彩

3.3 照片色彩高级处理

对照片进行基本处理后，用户可以根据自身的需要对照片中的某些色彩进行替换，或匹配其他喜欢的颜色等操作，使照片更加具有个性的色彩情调。

实用秘技
040

难度级别：★★★★
关键技术："匹配颜色"
对话框

↘ 匹配照片颜色

实例解析："匹配颜色"命令可以在不同或相同的选区、图层或图像之间进行颜色的匹配，达到统一色调的目的。下面介绍匹配照片颜色的操作方法。

素材文件：光盘\素材\第3章\人物1.jpg、人物2.jpg
效果文件：光盘\效果\第3章\人物.psd
视频文件：光盘\视频\第3章\匹配照片颜色.mp4

---

01 在菜单栏中单击"文件"|"打开"命令，打开两幅素材图像，如图 3-37 所示。

图3-37 素材图像

03 单击菜单栏中的"图像"|"调整"|"匹配颜色"命令，弹出"匹配颜色"对话框，设置"源"为"人物2.jpg"、"颜色强度"为 120，如图 3-39 所示。

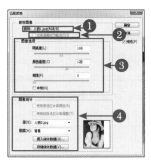

图3-39 "匹配颜色"对话框

02 确定"人物1"图像为当前窗口，展开"图层"面板，复制"背景"图层，得到"背景 副本"图层，如图 3-38 所示。

图3-38 复制"背景"图层

04 执行上述操作后，单击"确定"按钮，即可执行"匹配颜色"命令，图像效果如图 3-40 所示。

图3-40 匹配颜色效果

① "目标"选项区：该选项区显示要修改的图像名称以及颜色模式。

② "应用调整时忽略选区"复选框：如果目标图像中存在选区，选中该复选框，Photoshop 将忽视选区的存在，会将调整应用到整个图像。

③ "图像选项"设置区："明亮度"选项用来调整图像匹配的明亮程度；"颜色强度"选项相当于图像的饱和度，因此它用来调整图像的饱和度；"渐隐"选项有点类似于图层蒙版，它决定了有多少源图像的颜色匹配到目标图像的颜色中；"中和"选项主要用来去除图像中的偏色现象。

④ "图像统计"设置区："使用源选区计算颜色"选项可以使用源图像中选区图像的颜色来计算匹配颜色；"使用目标选区计算调整"选项可以使用目标图像中选区图像的颜色来计算匹配颜色；"源"选项用来选择源图像，即将颜色匹配到目标图像的图像；"图层"选项用来选择需要用来匹配颜色的图层；"载入数据统计"和"存储数据统计"选项主要用来载入已经存储的设置与存储当前的设置。

05 单击菜单栏中的"滤镜"|"杂色"|"减少杂色"命令，弹出"减少杂色"对话框，设置各参数，如图 3-41 所示。

06 单击"确定"按钮，应用滤镜，按【Ctrl + F】组合键，再次执行"减少杂色"滤镜，效果如图 3-42 所示。

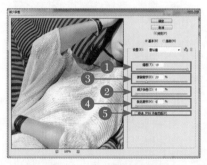

图3-41 "减少杂色"对话框

图3-42 图像效果

① "强度"设置区：用于控制应用于所有图像通道的明亮度杂色减少量。

② "保留细节"设置区：用于控制保留边缘和图像细节（如头发或纹理对象）。如果值为 100，则会保留大多数图像细节，但会将明亮度杂色减到最少。用户可以平衡设置"强度"和"保留细节"选项的值，以便对杂色减少操作进行微调。

③ "减少杂色"设置区：移去随机的颜色像素。值越大，减少的颜色杂色越多。

④ "锐化细节"设置区：对图像进行锐化。移去杂色将会降低图像的锐化程度，稍后可使用对话框中的锐化选项或其他某个 Photoshop 锐化滤镜来恢复锐化程度。

⑤ "移去 JPEG 不自然感"复选框：选中该复选框后，可以移去由于使用低 JPEG 品质设置存储图像而导致的斑驳的图像伪像和光晕。

实用秘技

041

➡ **保留一种颜色**

实例解析：在Photoshop CS6中，用户可以根据需要对数码照片进行处理，只保留一种颜色，制作出特别的效果。下面介绍保留一种颜色的操作方法。

难度级别：★★★

关键技术："去色"命令

素材文件：光盘\素材\第3章\清新.jpg	
效果文件：光盘\效果\第3章\清新.jpg	
视频文件：光盘\视频\第3章\保留一种颜色.mp4	

01 在菜单栏中单击"文件"|"打开"命令，打开素材图像，如图 3-43 所示。

图3-43 素材图像

02 选取工具箱中的快速选择工具 ，在人物图像中创建选区，如图 3-44 所示。

图3-44 创建选区

03 在菜单栏中单击"图像"|"调整"|"去色"命令，如图 3-45 所示。

04 执行上述操作后，即可保留照片一种颜色，取消选区，效果如图 3-46 所示。

图3-45 单击"去色"命令

图3-46 保留一种颜色

实用秘技

042

↘ 替换照片颜色

实例解析：在Photoshop CS6中，使用"替换颜色"命令能够基于特定颜色，通过在图像中创建蒙版来调整色相、饱和度和明度值。下面介绍替换照片颜色的操作方法。

难度级别：★★★★
关键技术："替换颜色"对话框

素材文件：光盘\素材\第3章\叶子.jpg
效果文件：光盘\效果\第3章\叶子.psd
视频文件：光盘\视频\第3章\替换照片颜色.mp4

01 在菜单栏中单击"文件"|"打开"命令，打开素材图像，如图3-47所示。

图3-47　素材图像

02 选择"背景"图层，按【Ctrl + J】组合键，拷贝"背景"图层，得到"图层1"图层，如图3-48所示。

图3-48　复制"背景"图层

03 单击菜单栏中的"图像"|"调整"|"替换颜色"命令，弹出"替换颜色"对话框，单击"吸管工具"按钮🖉，如图3-49所示。

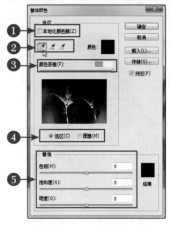

图3-49　"替换颜色"对话框

04 将吸管移至图像编辑窗口的绿色叶子上，单击鼠标左键进行取样，效果如图3-50所示。

图3-50　取样颜色

❶ "本地颜色簇"复选框：该复选框主要用来在图像上选择多种颜色。

❷ "吸管"按钮组：单击"吸管工具"按钮 ✏ 后，在图像上单击鼠标左键可以选中单击点处的颜色，同时在"选区"缩略图中也会显示出选中的颜色区域；单击"添加到取样"按钮 ✏ 后，在图像上单击鼠标左键，可以将单击点处的颜色添加到选中的颜色中；单击"从取样中减去"按钮 ✏，在图像上单击鼠标左键，可以将单击点处的颜色从选定的颜色中减去。

❸ "颜色容差"设置区：该选项用来控制选中颜色的范围，数值越大，选中的颜色范围越广。

❹ "选区 / 图像"单选钮：选中"选区"单选钮，可以以蒙版方式进行显示，其中白色表示选中的颜色，黑色表示未选中的颜色，灰色表示只选中了部分颜色；选中"图像"单选钮，则只显示图像。

❺ "替换"设置区：这 3 个选项与"色相 / 饱和度"命令的 3 个选项相同，可以调整选定颜色的色相、饱和度和明度。

05 返回"替换颜色"对话框，预览区域中显示了取样后的效果，单击"结果"色块，如图 3-51 所示。

06 弹出"拾色器（结果颜色）"对话框，设置 RGB 颜色值为 255，0，0，如图 3-52 所示。

图3-51　单击"结果"色块

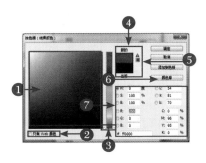

图3-52　"拾色器（结果颜色）"对话框

❶ "色域 / 拾取的颜色"选项区：在"色域"中拖动鼠标可以改变当前拾取的颜色。

❷ "只有 Web 颜色"复选框：选中该复选框，表示只在色域中显示 Web 安全色。

❸ 颜色滑块　拖动颜色滑块可以调整颜色的范围。

❹ "新的 / 当前"选项区："新色"颜色块中显示的是当前设置的颜色，"当前"颜色块中显示的是上一次使用的颜色。

❺ "警告：不是 Web 安全颜色"按钮：表示当前设置颜色不能在网上准确显示，单击警告下面的小方块，可以将颜色替换为与其最为接近的 Web 安全颜色。

❻ "颜色库"按钮：单击该按钮，可以切换到"颜色库"中。

7 "颜色值"设置区：该设置选项区中显示了当前设置颜色的颜色值，也可以输入颜色值来精确定义颜色。

07 单击"确定"按钮，返回"替换颜色"对话框，在"替换"选项区中设置"色相"为 -93、"饱和度"为 60、"明度"为 16，如图 3-53 所示。

08 设置完成后，单击"确定"按钮，即可完成数码照片颜色的替换，效果如图 3-54 所示。

图3-53　设置"替换"参数

图3-54　取样颜色效果

专家提示

运用"替换颜色"命令可以将图像中选定颜色的色相、饱和度和明度，通过调整指定的色相、饱和度和明度来替换。运用"替换颜色"对话框中的吸管工具、添加到取样工具或从取样中减去工具，可以精确选取需要替换颜色的像素范围，以达到良好的颜色替换效果。

09 单击菜单栏中的"图像"|"调整"|"亮度/对比度"命令，弹出"亮度/对比度"对话框，设置相应参数，如图 3-55 所示。

10 设置完成后，单击"确定"按钮，即可调整照片的亮度和对比度，效果如图 3-56 所示。

图3-55　设置"亮度/对比度"参数

图3-56　调整亮度和对比度效果

专家提示

在 Photoshop CS6 中，用户对数码照片的色彩进行相应处理后，如果对照片的亮度不是很满意，可以根据需要调整照片的亮度、对比度。

实用秘技

043

难度级别：★ ★ ★ ★
关键技术："色相/饱和度"调整图层

→ 加强照片颜色

实例解析：如果数码照片的颜色不够亮丽，此时用户可以通过Photoshop CS6加强照片颜色。下面介绍加强照片颜色的操作方法。

素材文件：光盘\素材\第3章\花香.jpg

效果文件：光盘\效果\第3章\花香.psd

视频文件：光盘\视频\第3章\加强照片颜色.mp4

01 在菜单栏中单击"文件"|"打开"命令，打开素材图像，如图 3-57 所示。

图3-57 素材图像

02 新建"色相/饱和度1"调整图层，展开"色相/饱和度"调整面板，并设置各参数，如图 3-58 所示。

图3-58 "色相/饱和度"调整面板

03 选择"背景"图层，单击菜单栏中的"图像"|"调整"|"亮度/对比度"命令，弹出"亮度/对比度"对话框，设置各参数，如图 3-59 所示。

图3-59 设置"亮度/对比度"参数

04 执行上述操作后，单击"确定"按钮，即可加强数码照片的颜色，效果如图 3-60 所示。

图3-60 加强照片颜色效果

第4章

数码照片艺术色调

学前提示

　　数码照片色调的调整主要是针对照片的色调不匀、颜色的冷暖进行调整。本章将详细讲解数码照片艺术色调的基本知识和技巧，让读者掌握调整照片艺术色调的要领和精髓。

本章重点

◎　　初识照片颜色

◎　　照片色调基本调整

◎　　照片色调高级调整

本章视频

4.1 初识照片颜色

在 Photoshop CS6 中，颜色可以产生修饰效果，使图像显得更加绚丽，同时激发人的感情和想象。本节主要介绍颜色的基本属性、查看图像的颜色分布以及识别色域范围外的颜色等基本知识。

实用秘技	↘ 颜色的基本属性
044	实例解析：在处理照片之前，用户需要了解颜色的基本属性，正确地运用颜色可以使暗淡的图像明亮绚丽，使毫无生气的图像充满活力。
难度级别：★★ 关键技术：色相、明度、饱和度	素材文件：无
	效果文件：无
	视频文件：无

1. 色相

每种颜色的固有颜色表相叫做色相（hue，简写为 h），它是一种颜色区别于另一种颜色的最显著特征。在通常的使用中，颜色的名称就是根据其色相来决定的，例如红色、橙色、蓝色、黄色、绿色。颜色体系中最基本的色相为赤（红）、橙、黄、绿、青、蓝、紫，将这些颜色相互混合可以产生许多色相的颜色。

颜色是按色轮关系排列的，色轮是表示最基本色相关系的颜色表。色轮上 90° 以内的几种颜色称为同类色，而 90° 以外的色彩称为对比色。色轮上相对位置的颜色叫补色，如红色与蓝色是补色关系，蓝色与黄色也是补色关系。

除了以颜色固有的色相来命名颜色外，还经常以植物所具有的颜色命名（如青绿）、动物所具有的颜色命名（如鸽子灰）以及颜色的深浅和明暗命名（如鹅黄）。如图 4-1 所示为纯黄橙与西瓜红图像。

图4-1　纯黄橙与西瓜红图像

2. 明度

明度（value，简写为 v，又称为亮度）是指颜色的明暗程度，通常使用从 0% ～ 100% 的百分比来度量。

通常在正常强度的光线照射下的色相，被定义为标准色相，亮度高于标准色相的，称为该色相的高光；反之，称为该色相的阴影。

不同亮度的颜色给人的视觉感受各不相同，高亮度颜色给人以明亮、纯净、唯美等感觉，如图4-2（a）所示；中亮度颜色给人以朴素、稳重、亲和的感觉；低亮度颜色则让人感觉压抑、沉重、神秘，如图4-2（b）所示。

（a）　高亮度图像　　　　　　　（b）　低亮度图像

图4-2 不同亮度图像

3．饱和度

饱和度（chroma，简写为c，又称为彩度）是指颜色的强度或纯度，它表示色相中颜色本身色素分量所占的比例，使用从 0% ~ 100% 的百分比来度量。在标准色轮上，饱和度从中心到边缘逐渐递增，颜色的饱和度越高，其鲜艳程度也就越高，反之颜色则因包含其他颜色而显得陈旧或混浊。

不同饱和度的颜色会给人带来不同的视觉感受，高饱和度的颜色给人以积极、冲动、活泼、有生气、喜庆的感觉，如图4-3（a）所示；低饱和度的颜色给人以消极、无力、安静、沉稳、厚重的感觉，如图4-3（b）所示。

（a）　高饱和度图像　　　　　　　（b）　低饱和度图像

图4-3 不同饱和度图像

技巧点拨

在学习色调之前，首先要了解颜色的相关知识。合理地运用颜色，不但可以使一张图像变得更加具有表现力，而且还可以给用户带来良好的心理感受。

在 Photoshop CS6 中，色调调整在整个照片的编辑过程中非常重要，一幅劣质图像或扫描品质很差的彩色图像如果不经过颜色调整，很难将其转换为一幅精美的图像，而且很难纠正在照片中常出现的曝光过度和光线不足的问题。

实用秘技

045

难度级别：★★
关键技术："信息"面板、"直方图"面板

↘ **查看图像的颜色分布**

实例解析：在Photoshop CS6中，开始对图像进行颜色校正之前，或者对图像做出编辑之后，都应分析查看图像的色阶状态和色阶的分布，以决定需要编辑的区域。

素材文件：无	
效果文件：无	
视频文件：无	

1. "信息"面板

Photoshop CS6 中的"信息"面板在没有进行任何操作时，会显示光标所处位置的颜色值、文档的状态、当前工具的使用提示等信息。如果执行了操作，面板中就会显示与当前操作有关的各种信息。在菜单栏中单击"窗口"|"信息"命令，或按【f8】键，将弹出"信息"面板，如图 4-4 所示。

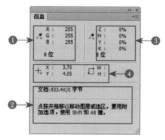

图4-4 "信息"面板

❶ "第一颜色信息"显示区：在该显示区中可以设置"信息"面板中第一个吸管显示的颜色信息。单击显示区中的"吸管"按钮，在弹出的下拉列表中选择"实际颜色"选项，可以显示图像当前颜色模式下的值；选择"校样颜色"选项可以显示图像的输出颜色空间的值；选择"灰度"、"RGB 颜色"、"CMYK 颜色"等颜色模式，可以显示相应颜色模式下的颜色值；选择"油墨总量"选项，可以显示指针当前位置的所有 CMYK 油墨的总百分比；选择"不透明度"选项，可以显示当前图层的不透明度，该选项不适用于背景。

❷ "状态信息"显示区：用来设置"信息"面板中"状态信息"处的显示内容。

❸ "第二颜色信息"显示区：用来设置"信息"面板中第二个吸管显示的颜色信息。

❹ "鼠标坐标"显示区：用来设置鼠标光标位置的测量单位。

2. "直方图"面板

Photoshop 的"直方图"面板用图像表示了图像的每个亮度级别的像素数量，展现了像素在图像中的分布情况。在菜单栏中单击"窗口"|"直方图"命令，将弹出"直方图"面板，如图 4-5 所示。

图4-5 "直方图"面板

❶ "通道"下拉列表：在该下拉列表框中选择一个通道（包括颜色通道、alpha通道和专色通道）以后，面板中会显示该通道的直方图；选择"明度"选项，则可以显示复合通道的亮度或强度值；选择"颜色"选项，可以显示颜色中单个颜色通道的复合直方图。

❷ "平均值"显示区：用于显示像素的平均亮度值（0 ~ 255 之间的平均亮度）。通过观察该值，可以判断出图像的色调类型。

❸ "中间值"显示区：用于显示亮度值范围内的中间值，图像的色调越亮，它的中间值越高。

❹ "像素"显示区：显示用于计算直方图的像素总数。

❺ "色阶"显示区：用于显示光标下面区域的亮度级别。

❻ "标准偏差"显示区：用于显示亮度值的变化范围，若该值越高，说明图像的亮度变化越剧烈。

❼ "不使用高速缓存的刷新"按钮：单击该按钮可以刷新直方图，显示当前状态下最新的统计结果。

❽ 点按可获得不带高速缓存数据直方图：使用"直方图"面板时，Photoshop会在内存中行高速缓存直方图，也就是说，最新的直方图是被 Photoshop 存储在内存中的，而非实时显示在"直方图"面板中。

❾ "数量"显示区：用于显示相当于光标下面亮度级别的像素总数。

❿ "百分位"显示区：用于显示光标所指的级别或该级别以下的像素累计数。如果对全部色阶范围进行取样，该值为 100；对部分色阶取样时，显示的是取样部分占总面积的百分比。

⓫ "高速缓存级别"显示区：用于显示当前用于创建直方图的图像高速缓存的级别。

⓬ "面板显示方式"命令："直方图"面板的快捷菜单中包含切换面板显示方式的命令。"紧凑视图"是默认显示方式，它显示不带统计数据或控件的直方图；"扩展视图"显示带统计数据和控件的直方图；"全部通道视图"显示的是带有统计数据和控件的直方图，同时还显示每一个通道的单个直方图。

实用秘技
046

难度级别：★★★
关键技术："色域警告"
命令

↘ 识别色域范围外的颜色

实例解析：在Photoshop CS6中，用户可以根据需要对数码照片进行识别色域范围外颜色的操作，分析照片颜色的组成。下面介绍识别色域范围外颜色的操作方法。

素材文件：	光盘\素材\第4章\红花.jpg
效果文件：	无
视频文件：	光盘\视频\第4章\识别色域范围外的颜色.mp4

01 在菜单栏中单击"文件"|"打开"命令，打开素材图像，如图4-6所示。

图4-6 素材图像

03 执行上述操作后，即可预览RGB颜色模式里的CMYK颜色，如图4-8所示。

图4-8 预览CMYK颜色

02 单击菜单栏中的"视图"|"校样颜色"命令，如图4-7所示。

图4-7 单击"校样颜色"命令

04 单击菜单栏中的"视图"|"色域警告"命令，即可识别图像色域外的颜色，如图4-9所示。

图4-9 识别图像色域外的颜色

技巧点拨

在 Photoshop CS6 中，除了可以运用上述方法校正颜色以及识别图像色域外的颜色外，用户还可以按【Ctrl + Y】组合键，快速校正颜色；按【Ctrl + Shift + Y】组合键，快速识别图像色域外的颜色。

大多数扫描的照片在 CMYK 色域里都包含了 RGB 颜色，将图像转换为 CMYK 颜色模式时会轻微改变这些颜色。在准备要用印刷色打印的图像时，应使用 CMYK 颜色模式。

4.2 照片色调基本调整

在 Photoshop CS6 中，色调是体现一张照片色彩是否正常的基本要素，均衡的照片色调可以使整个画面和谐且美观。本节主要介绍照片色调的基本调整方法。

实用秘技 **047**	↘ 调整照片偏色
	实例解析：用户在拍摄照片时，由于光线等原因会影响到照片的色彩，造成照片偏色，此时可以通过 Photoshop CS6 调整照片偏色。下面介绍调整照片偏色的操作方法。
难度级别：★★★	素材文件：光盘\素材\第4章\茎.jpg
关键技术："色彩平衡"命令	效果文件：光盘\效果\第4章\茎.jpg
	视频文件：光盘\视频\第4章\调整照片偏色.mp4

01 在菜单栏中单击"文件"|"打开"命令，打开素材图像，如图 4-10 所示。

图4-10　素材图像

03 弹出"色彩平衡"对话框，在其中设置各参数，如图 4-12 所示。

图4-12　"色彩平衡"对话框

02 单击菜单栏中的"图像"|"调整"|"色彩平衡"命令，如图 4-11 所示。

图4-11　单击"色彩平衡"命令

04 设置完成后，单击"确定"按钮，即可调整照片偏色，效果如图 4-13 所示。

图4-13　调整照片偏色

❶ "色彩平衡"设置区：显示了青色和红色、洋红和绿色、黄色和蓝色这 3 对互补的颜色，每一对颜色中间的滑块用于控制各色彩的增减。

❷ "色调平衡"设置区：分别选中该区域中的 3 个单选钮，可以调整图像颜色的最暗处、中间度和最亮度。

❸ "保持明度"复选框：选中该复选框，图像像素的亮度值不变，只有颜色值发生变化。

实用秘技

048

难度级别：★★★

关键技术："亮度/对比度"命令

↘ 调整照片色调

实例解析：在Photoshop CS6中，"色调"是指颜色的冷暖，不同的色调可以带来不一样的感觉，用户可以根据需要调整照片的色调。下面介绍调整照片色调的操作方法。

素材文件：光盘\素材\第4章\仰望.jpg

效果文件：光盘\效果\第4章\仰望.jpg

视频文件：光盘\视频\第4章\调整照片色调.mp4

01 在菜单栏中单击"文件"|"打开"命令，打开素材图像，如图4-14所示。

图4-14　素材图像

03 单击菜单栏中的"图像"|"调整"|"亮度/对比度"命令，弹出"亮度/对比度"对话框，设置相应参数，如图4-16所示。

图4-16　"亮度/对比度"对话框

02 单击菜单栏中的"图像"|"调整"|"色彩平衡"命令，弹出"色彩平衡"对话框，设置相应参数，如图4-15所示，单击"确定"按钮。

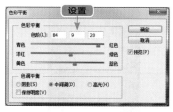

图4-15　"色彩平衡"对话框

04 执行上述操作后，单击"确定"按钮，即可调整数码照片的色调，效果如图4-17所示。

图4-17　调整照片色调效果

◤ 技巧点拨

　　在 Photoshop CS6 的 "色彩平衡" 对话框中，若选中"预览"复选框，在修改参数的同时，编辑窗口中的图像色彩也会发生相应变化；若取消选中"预览"复选框，则在修改参数的同时，不显示色彩变化。

　　在处理数码照片时，用户如果对照片进行色彩平衡后的效果不满意，还可以根据需要对照片进行其他处理，如调整照片的亮度/对比度、色相、饱和度等。

实用秘技

049

难度级别：★★★★
关键技术："色调均化"
命令

↘ 均化照片色调

实例解析：通过"色调均化"命令可以重新分布像素的亮度值，将最亮的值调整为白色，最暗的值调整为黑色，中间的值分布在整个灰度范围中。

素材文件：光盘\素材\第4章\白衣少女.jpg

效果文件：光盘\效果\第4章\白衣少女.jpg

视频文件：光盘\视频\第4章\均化照片色调.mp4

01 在菜单栏中单击"文件"|"打开"命令，打开素材图像，如图4-18所示。

图4-18 素材图像

02 单击菜单栏中的"图层"|"新建调整图层"|"亮度/对比度"命令，新建"亮度/对比度1"调整图层，如图4-19所示。

图4-19 新建"亮度/对比度1"调整图层

03 双击调整图层前的图层缩览图，展开"亮度/对比度"调整面板，设置各参数，如图4-20所示。

图4-20 "亮度/对比度"调整面板

04 执行上述操作后，即可增强照片的亮度和对比度，其图像效果如图4-21所示。

图4-21 增强亮度和对比度效果

> ## 技巧点拨
>
> 在Photoshop CS6中，除了运用上述方法可以新建"亮度/对比度"调整图层外，用户还可以在"图层"面板底部，单击"创建新的填充或调整图层"按钮 [○.]，在弹出的菜单中选择"亮度/对比度"选项，即可新建"亮度/对比度"调整图层。

05 按【Ctrl + Alt + Shift + E】组合键,盖印图层,得到相应图层,如图 4-22 所示。

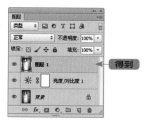

图4-22 盖印图层

06 单击菜单栏中的"图像"|"调整"|"色调均化"命令,如图 4-23 所示。

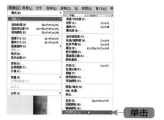

图4-23 单击"色调均化"命令

07 执行上述操作后,即可均化图像色调,效果如图 4-24 所示。

图4-24 均化图像色调

08 在"图层"面板底部单击"添加图层蒙版"按钮 回,如图 4-25 所示。

图4-25 单击"添加图层蒙版"按钮

09 执行上述操作后,即可为"图层 1"图层添加图层蒙版,如图 4-26 所示。

图4-26 添加图层蒙版

10 运用黑色画笔工具 ,对图像进行适当的修饰,最终效果如图 4-27 所示。

图4-27 最终效果

技巧点拨

除了运用上述方法可以新建图层蒙版外,用户还可以单击菜单栏中的"图层"|"图层蒙版"|"显示全部"命令,即可新建图层蒙版。

实用秘技

050

难度级别：★★★★
关键技术："曝光度"调
整面板

↘ **调整曝光不足**

实例解析：在Photoshop CS6中，曝光不足或曝光过度都会让图像的欣赏效果欠佳，运用"曝光度"命令可以快速的调整图像的曝光问题。

| 素材文件：光盘\素材\第4章\人物.jpg |
| 效果文件：光盘\效果\第4章\人物.jpg |
| 视频文件：光盘\视频\第4章\调整曝光不足.mp4 |

01 在菜单栏中单击"文件" | "打开"命令，打开素材图像，如图4-28所示。

图4-28　素材图像

03 双击图层缩览图，展开"曝光度"调整面板，设置各参数，如图4-30所示。

图4-30　"曝光度"调整面板

02 单击菜单栏中的"图层" | "新建调整图层" | "曝光度"命令，新建"曝光度1"调整图层，如图4-29所示。

图4-29　新建"曝光度"调整图层

04 执行上述操作后，即可调整照片的曝光度，效果如图4-31所示。

图4-31　调整曝光度

❶　"预设"下拉列表：可以选择一个预设的曝光度调整文件。

❷　"曝光度"设置区：调整色调范围的高光端，对极限阴影的影响很轻微。

❸　"位移"设置区：使阴影和中间调变暗，对高光的影响很轻微。

❹　"灰度系数校正"设置区：使用简单乘方函数调整图像的灰度系数，负值会被视为它们的相应正值。

实用秘技

051

↘ **调整照片明暗**

难度级别：★★★

关键技术："阴影/高光"命令

实例解析：在Photoshop CS6中，用户可以根据需要调整数码照片的明暗亮度，优化照片效果。下面介绍调整照片明暗的操作方法。

素材文件：光盘\素材\第4章\小狗.jpg	
效果文件：光盘\效果\第4章\小狗.jpg	
视频文件：光盘\视频\第4章\调整照片明暗.mp4	

01 在菜单栏中单击"文件"|"打开"命令，打开素材图像，如图4-32所示。

图4-32　素材图像

02 单击菜单栏中的"图像"|"调整"|"阴影/高光"命令，如图4-33所示。

图4-33　单击"阴影/高光"命令

03 弹出"阴影/高光"对话框，在其中设置各参数，如图4-34所示。

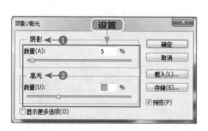

图4-34　"阴影/高光"对话框

04 执行上述操作后，单击"确定"按钮，即可调整照片明暗，效果如图4-35所示。

图4-35　调整照片明暗效果

❶ "阴影"设置区：用于设置图像中的阴影部分，通过下方的数量滑块调整图像的阴影，向左拖动滑块则图像变暗，向右拖动滑块则图像变亮。

❷ "高光"设置区：用于设置图像中的高光部分，通过下方的数量滑块调整图像的高光，向左拖动滑块则图像变亮，向右拖动滑块则图像变暗。

实用秘技

052

难度级别：★★★
关键技术："色相/饱和度"命令

↘ **调整照片色相**

实例解析：在Photoshop CS6中，用户可以通过"色相\饱和度"命令调整照片的色相，变换照片颜色，制作出另类的效果。下面介绍调整照片色相的操作方法。

| 素材文件：光盘\素材\第4章\叶子.jpg |
| 效果文件：光盘\效果\第4章\叶子.jpg |
| 视频文件：光盘\视频\第4章\调整照片色相.mp4 |

01 在菜单栏中单击"文件"|"打开"命令，打开素材图像，如图 4-36 所示。

图4-36　素材图像

02 单击菜单栏中的"图像"|"调整"|"色相 / 饱和度"命令，如图 4-37 所示。

图4-37　单击"色相/饱和度"命令

03 弹出"色相 / 饱和度"对话框，设置"色相"为 -20，如图 4-38 所示。

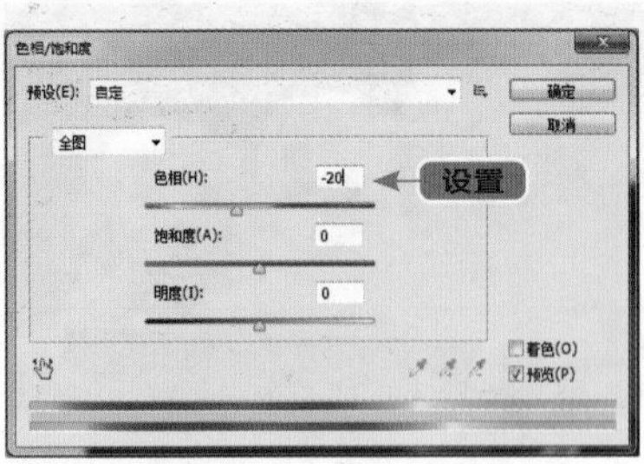

图4-38　"色相/饱和度"对话框

04 执行上述操作后，单击"确定"按钮，即可调整照片色相，效果如图 4-39 所示。

图4-39　调整照片色相

▶ **技巧点拨**

　　"色相 / 饱和度"对话框底部有两个颜色条，上面的颜色条代表调整前的颜色，下面代表调整后的颜色。

　　在 Photoshop CS6 中，调整照片的色相后，如果对效果不满意，用户还可以在"色相 / 饱和度"对话框中调整饱和度和明度值。

实用秘技

053

难度级别：★★★
关键技术："色彩平衡"命令

↘ **调整照片色彩**

实例解析：在Photoshop CS6中，用户可以根据需要调整数码照片的色彩，保持照片色彩平衡。下面介绍调整照片色彩的操作方法。

素材文件：	光盘\素材\第4章\椅子.jpg
效果文件：	光盘\效果\第4章\椅子.jpg
视频文件：	光盘\视频\第4章\调整照片色彩.mp4

01 在菜单栏中单击"文件"|"打开"命令，打开素材图像，如图 4-40 所示。

图4-40　素材图像

02 单击菜单栏中的"图像"|"调整"|"色彩平衡"命令，如图 4-41 所示。

图4-41　单击"色彩平衡"命令

03 弹出"色彩平衡"对话框，在其中设置各参数，如图 4-42 所示。

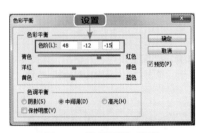

图4-42　"色彩平衡"对话框

04 执行上述操作后，单击"确定"按钮，即可调整照片色彩，效果如图 4-43 所示。

图4-43　调整照片色彩

技巧点拨

　　在 Photoshop CS6 中，除了上述方法可以打开该对话框外，用户还可以按【Ctrl + B】组合键，快速打开"色彩平衡"对话框。

　　在"色彩平衡"对话框中，用户不仅可以直接在"色阶"右侧的文本框分别输入各个数值，调整照片色彩，而且可以拖曳下方的颜色滑块，调整照片的色彩平衡，制作出非主流的照片效果。

4.3 照片色调高级调整

在 Photoshop CS6 中，在照片拍摄的过程中，摄影者都要求图像的真实感，而色彩情感也是尤为重要，不同的色调可以反映一种不同的心情和意境，并达到一定的艺术效果。本节主要介绍照片色调的高级调整方法。

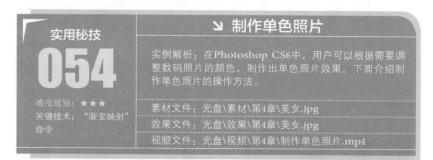

实用秘技 054

难度级别：★★★
关键技术："渐变映射"命令

➔ 制作单色照片

实例解析：在Photoshop CS6中，用户可以根据需要调整数码照片的颜色，制作出单色照片效果。下面介绍制作单色照片的操作方法。

素材文件：光盘\素材\第4章\美女.jpg
效果文件：光盘\效果\第4章\美女.jpg
视频文件：光盘\视频\第4章\制作单色照片.mp4

01 在菜单栏中单击"文件"|"打开"命令，打开素材图像，如图 4-44 所示。

图4-44 素材图像

02 复制"背景"图层，得到"图层1"图层，如图 4-45 所示。

图4-45 复制"背景"图层

03 单击菜单栏中的"图像"|"调整"|"渐变映射"命令，如图 4-46 所示。

图4-46 单击"渐变映射"命令

04 弹出"渐变映射"对话框，如图 4-47所示，单击"点按可编辑渐变"色块。

图4-47 "渐变映射"对话框

❶ "灰度映射所用的渐变"设置区：单击渐变颜色条右侧的下三角按钮，在弹出的下拉面板中选择一个预设渐变。如果要创建自定义渐变，则可以单击渐变条，打开"渐变编辑器"对话框进行设置。

❷ "仿色"复选框:选中该复选框,可以添加随机的杂色来平滑渐变填充的外观,减少带宽效应,使渐变效果更加平滑。

❸ "反向"复选框:选中该复选框,可以反转渐变填充的方向。

05 弹出"渐变编辑器"对话框,双击对话框左侧的色标,如图 4-48 所示。

06 弹出"拾色器(色标颜色)"对话框,在其中设置各参数,如图 4-49 所示。

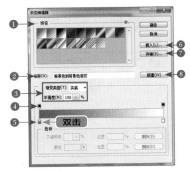

图4-48 "渐变编辑器"对话框

图4-49 "拾色器(色标颜色)"对话框

❶ "预设"列表框:显示 Photoshop CS6 提供的基本预设渐变方式。单击该列表框中的选项,可以设置样式渐变,还可以单击右侧的小锯齿按钮✿,在弹出的快捷菜单中选择其他的渐变样式。

❷ "名称"文本框:在该文本框中可以显示选定的渐变名称,也可以输入新渐变名称。

❸ "渐变类型 / 平滑度"设置区:单击"渐变类型"下拉按钮✓,可选择显示为单色形态的"实底"和显示为多种色带形态的"杂色"两种类型。"实底"为默认形态,通过"平滑度"选项可以调整渐变颜色阶段的柔和程度,数值越大,效果越柔和;在"杂色"类型下的"粗糙度"选项可设置杂色渐变的柔和度,数值越大,颜色阶段越鲜明。

❹ "不透明度"色标:用于调整渐变中应用的颜色的不透明度,默认值为 100,数值越小,渐变颜色越透明。

❺ "颜色"色标:用于调整渐变中应用的颜色或者颜色的范围,可以通过拖动调整滑块的方式更改色标的位置。双击色标滑块,弹出"选择色标颜色"对话框,选择需要的渐变颜色即可。

❻ "载入"按钮:单击该按钮,在弹出的"载入"对话框中可打开保存的渐变。

❼ "存储"按钮:单击该按钮,在弹出的"存储"对话框中可保存渐变。

❽ "新建"按钮:在设置新的渐变样式后,单击"新建"按钮,可将这个样式新建到预设框中。

07 设置完成后，依次单击"确定"按钮，即可调整照片的颜色，如图 4-50 所示。

图4-50 调整照片颜色

08 展开"图层"面板，在其中设置该图层混合模式为"色相"，如图 4-51 所示。

图4-51 设置混合模式

09 执行上述操作后，即可设置照片的混合模式，效果如图 4-52 所示。

图4-52 设置混合模式效果

10 单击菜单栏中的"图像"|"调整"|"亮度/对比度"命令，如图 4-53 所示。

图4-53 单击"亮度/对比度"命令

11 弹出"亮度/对比度"对话框，在其中设置各参数，如图 4-54 所示。

图4-54 "亮度/对比度"对话框

12 设置完成后，单击"确定"按钮，即可完成单色照片的制作，如图 4-55 所示。

图4-55 制作单色照片

实用秘技

055

↘ 制作双色调照片

难度级别：★★★★

关键技术："渐变编辑器"对话框

实例解析：在Photoshop CS6中，用户可以根据需要调整数码照片的颜色，制作出单色照片效果。下面介绍制作双色调照片的操作方法。

素材文件：	光盘\素材\第4章\眼镜美女.jpg
效果文件：	光盘\效果\第4章\眼镜美女.jpg
视频文件：	光盘\视频\第4章\制作双色调照片.mp4

01 在菜单栏中单击"文件"|"打开"命令，打开素材图像，如图4-56所示。

图4-56 素材图像

02 展开"图层"面板，单击面板下方的"创建新图层"按钮 ，新建"图层1"图层，如图4-57所示。

图4-57 新建"图层1"图层

03 选取工具箱中的渐变工具 ，在工具属性栏上单击"点按可编辑渐变"按钮 ，弹出"渐变编辑器"对话框，如图4-58所示。

图4-58 "渐变编辑器"对话框

04 在渐变条上依次设置两个色标的RGB参数值分别为254、197、23和23、146、232，如图4-59所示。

图4-59 设置RGB参数值

05 单击"确定"按钮,将鼠标指针移至图像正上方,按住【Shift】键的同时,单击鼠标左键向图像下方拖曳,如图 4-60 所示。

图4-60 拖曳鼠标

06 至合适位置后释放鼠标左键,即可为"图层 1"图层填充相应的线性渐变色,效果如图 4-61 所示。

图4-61 填充渐变色

07 展开"图层"面板,选择"图层 1"图层,设置该图层的混合模式为"叠加",改变图像效果,如图 4-62 所示。

图4-62 设置混合模式

08 单击"添加新的填充和调整图层"按钮,在弹出的菜单中选择"亮度 / 对比度"选项,新建"亮度 / 对比度1"图层,如图 4-63 所示。

图4-63 新建"亮度/对比度1"图层

09 展开"亮度 / 对比度"调整面板,设置"亮度"为 -35,如图 4-64 所示。

图4-64 设置亮度

10 执行上述操作后,即可降低图像的亮度,最终效果如图 4-65 所示。

图4-65 双色调照片效果

实用秘技

056

难度级别：★★★
关键技术："色彩平衡"
调整图层

↘ **制作冷色调照片**

实例解析：在Photoshop CS6中，"冷色"是指偏向蓝色为主的色调，这种色调会带来一种寒冷和忧郁的感觉。下面介绍制作冷色调照片的操作方法。

素材文件：光盘\素材\第4章\仰视.jpg
效果文件：光盘\效果\第4章\仰视.jpg
视频文件：光盘\视频\第4章\制作冷色调照片.mp4

01 在菜单栏中单击"文件"|"打开"命令，打开素材图像，如图4-66所示。

02 新建"色彩平衡1"调整图层，展开调整面板，在"色调"下拉列表中选中"中间调"色调，设置各参数值为-100、12、100，如图4-67所示。

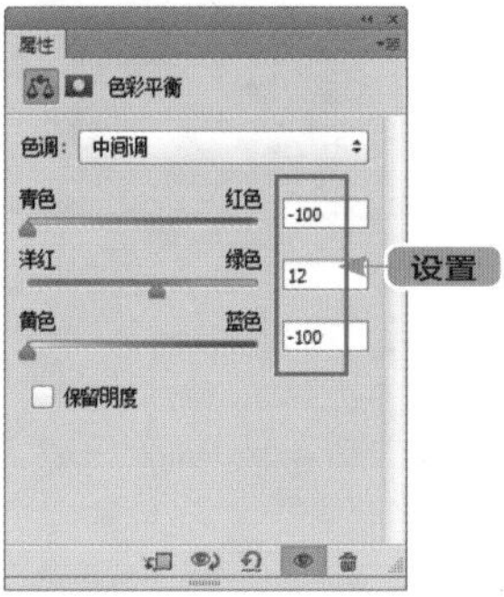

图4-66 素材图像

图4-67 "色彩平衡"调整面板

03 在"色调"下拉列表中选择"阴影"色调，设置其中各参数值分别为-100、-5、40；再选择"高光"色调，设置其中各参数值为-22、6、29，如图4-68所示。

04 设置完成后，即可完成冷色调照片的制作，效果如图4-69所示。

图4-68 设置色调参数

图4-69 冷色调照片效果

实用秘技
057

难度级别：★★★
关键技术："色彩平衡"
调整图层

↘ **制作青色调照片**

实例解析：在Photoshop CS6中，用户可以根据需要对数码照片进行调色处理，制作出青色调照片。下面介绍制作青色调照片的操作方法。

素材文件：光盘\素材\第4章\粉嫩.jpg	
效果文件：光盘\效果\第4章\粉嫩.jpg	
视频文件：光盘\视频\第4章\制作青色调照片.mp4	

01 在菜单栏中单击"文件"|"打开"命令，打开素材图像，如图4-70所示。

图4-70 素材图像

02 新建"色彩平衡1"调整图层，展开调整面板，在其中设置"中间调"参数，并取消选中"保留明度"复选框，如图4-71所示。

图4-71 设置"中间调"参数

03 在"色调"下拉列表中选择"阴影"色调，依次设置各"阴影"参数分别为22、-8、-5，如图4-72所示。

图4-72 设置"阴影"参数

04 设置完成后，即可完成青色调照片的制作，效果如图4-73所示。

图4-73 青色调照片效果

实用秘技

058

难度级别：★★★
关键技术："渐变填充"
对话框

↘ 制作青色调照片

实例解析：在Photoshop CS6中，用户可以根据需要对数码照片进行渐变操作，制作出彩色渐变效果。下面介绍制作彩色渐变效果的操作方法。

素材文件：光盘\素材\第4章\可爱狗.jpg

效果文件：光盘\效果\第4章\可爱狗.jpg

视频文件：光盘\视频\第4章\制作彩色渐变效果.mp4

01 在菜单栏中单击"文件"|"打开"命令，打开素材图像，如图4-74所示。

图4-74 素材图像

03 弹出"渐变填充"对话框，设置渐变RGB参数值分别为84、147、177和196、178、106，如图4-76所示。

图4-76 "渐变填充"对话框

05 新建"亮度/对比度1"调整图层，在属性面板中设置各参数，如图4-78所示。

图4-78 设置"亮度/对比度"参数

02 单击"图层"面板底部的"创建新的填充和调整图层"按钮，弹出的菜单中选择"渐变"选项，如图4-75所示。

图4-75 选择"渐变"选项

04 设置完成后，单击"确定"按钮，在"图层"面板中设置混合模式为"颜色"，效果如图4-77所示。

图4-77 设置混合模式效果

06 执行上述操作后，即可制作彩色渐变效果，如图4-79所示。

图4-79 彩色渐变效果

| 实用秘技 | ↘ **制作浪漫秋天效果** |

059

难度级别：★★★★★
关键技术："通道混合器"调整图层

实例解析：在Photoshop CS6中，运用通道混合器调整出秋意的氛围，再通过其他工具对周围进行修饰，即可制作出浪漫秋天效果。下面介绍制作浪漫秋天效果的操作方法。

素材文件：光盘\素材\第4章\浪漫.jpg
效果文件：光盘\效果\第4章\浪漫.jpg
视频文件：光盘\视频\第4章\制作浪漫秋天效果.mp4

01 在菜单栏中单击"文件"|"打开"命令，打开素材图像，如图 4-80 所示。

图4-80　素材图像

02 复制"背景"图层，得到"背景 副本"图层，按【Ctrl + Shift + U】组合键，去除图像颜色，效果如图 4-81 所示。

图4-81　去除图像颜色

03 为"背景 副本"图层添加图层蒙版，运用黑色的画笔工具 ✎，在绿色背景上进行适当地涂抹，如图 4-82 所示。

图4-82　涂抹图像

04 按住【Ctrl】键的同时，单击图层蒙版缩览图，载入选区，按【Ctrl + Shift + I】组合键，反向选区，如图 4-83 所示。

图4-83　反向选区

◢ **技巧点拨**

　　在 Photoshop CS6 中，除了可以运用上述方法抠取人物图像外，用户还可以在工具箱中选取快速选择工具 ✐，抠选绿色背景图像。

05【Ctrl + J】组合键，拷贝选区图层，得到"图层 1"图层，如图 4-84 所示。

图4-84　得到"图层1"图层

06 单击菜单栏中的"图像"|"调整"|"色彩平衡"命令，如图 4-85 所示。

图4-85　单击"色彩平衡"命令

07 弹出"色彩平衡"对话框，在其中设置各参数，如图 4-86 所示。

图4-86　"色彩平衡"对话框

08 设置完成后，单击"确定"按钮，即可调整照片的色彩，效果如图 4-87 所示。

图4-87　调整照片色彩

09 单击菜单栏中的"图像"|"调整"|"亮度 / 对比度"命令，弹出"亮度 / 对比度"对话框，设置各参数，如图 4-88 所示。

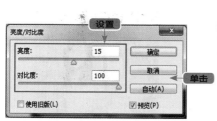

图4-88　"亮度/对比度"对话框

10 单击"确定"按钮，隐藏"背景 副本"图层，调整人物亮度，得到最终效果，如图 4-89 所示。

图4-89　最终效果

实用秘技

060

难度级别：★★★★
关键技术："色彩平衡"
命令

↘ **制作唯美紫色效果**

实例解析：在hotoshop CS6中，用户可以根据需要对数码照片进行色调处理，制作出唯美的紫色效果。下面介绍制作唯美紫色效果的操作方法。

素材文件：光盘\素材\第4章\浪漫时刻.jpg
效果文件：光盘\效果\第4章\浪漫时刻.jpg
视频文件：光盘\视频\第4章\制作唯美紫色效果.mp4

01 在菜单栏中单击"文件"|"打开"命令，打开素材图像，如图 4-90 所示。

图4-90 打开素材图像

02 选取工具箱中的快速选择工具，抠选人物图像，效果如图 4-91 所示。

图4-91 抠选人物图像

03 按【Ctrl + Shift + I】组合键，反向选区，按【Ctrl + J】组合键，拷贝选区图层，得到"图层 1"图层，如图 4-92 所示。

图4-92 得到"图层1"图层

04 在菜单栏中单击"图像"|"调整"|"色彩平衡"命令，如图 4-93 所示。

图4-93 单击"色彩平衡"命令

05 弹出"色彩平衡"对话框，设置各参数，如图 4-94 所示。

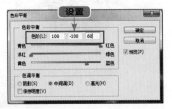

图4-94 "色彩平衡"对话框

06 单击"确定"按钮，即可制作唯美紫色效果，如图 4-95 所示。

图4-95 唯美紫色效果

第5章

数码照片艺术特效

学前提示

在 Photoshop CS6 中，用户可以通过"滤镜"命令制作出数码照片的艺术特效，包括液化、光照、马赛克等。本章主要介绍数码照片特殊效果、质感效果以及艺术效果的制作方法。

本章重点

◎ 数码照片特殊效果

◎ 数码照片质感效果

◎ 数码照片艺术效果

本章视频

5.1 数码照片特殊效果

在 Photoshop CS6 中，用户可以根据需要制作出数码照片的特殊效果。本节主要介绍制作照片液化特效、制作照片光照特效以及制作阳光普照特效等的操作方法。

01 在菜单栏中单击"文件"|"打开"命令，打开素材图像，如图 5-1 所示。

图5-1　素材图像

02 单击菜单栏中的"滤镜"|"液化"命令，如图 5-2 所示。

图5-2　单击"液化"命令

03 弹出"液化"对话框，单击"膨胀工具"按钮，在鱼眼处多次单击鼠标左键，如图 5-3 所示。

图5-3　"液化"对话框

04 执行上述操作后，单击"确定"按钮，即可完成照片液化特效的制作，效果如图 5-4 所示。

图5-4　液化特效效果

❶ "向前变形工具"按钮 ✎ ：用于向前推动像素。

❷ "重建工具"按钮 ✔ ：用来恢复图像。在变形的区域中单击或拖动涂抹，可以使变形区域的图像恢复为原来的效果。

❸ "顺时针旋转扭曲工具"按钮 ◉ ：在图像中单击或拖动鼠标可顺时针旋转像素，按住【Alt】键的同时单击或拖动鼠标则逆时针旋转扭曲像素。

❹ "褶皱工具"按钮 🔲 ：可以使像素向画笔区域的中心移动，使图像产生向内收缩的效果。

❺ "膨胀工具"按钮 ◈ ：可以使像素向画笔区域中心以外的方向移动，产生向外膨胀的效果。

❻ "左推工具"按钮 ▓ ：垂直向上拖动鼠标时，像素向左移动；向下拖动，像素向右移动；按住【Alt】键的同时垂直向上拖动时，像素向右移动；按住【Alt】键的同时向下拖动时，像素向左移动。

❼ "冻结蒙版工具"按钮 🔲 ：如果要对一些区域进行处理，而又不希望影响其他区域，可以使用该工具在图像上绘制出冻结区域，即要保护的区域。

❽ "解冻蒙版工具"按钮 🔲 ：涂抹冻结区域可以解除冻结。

❾ "抓手工具"按钮 🖐 ：用于移动图像，放大图像后方便查看图像的各部分区域。

❿ "缩放工具"按钮 🔍 ：用于放大、缩小图像。

⓫ "工具选项"设置区：该选项区中有"画笔大小"、"画笔密度"、"画笔压力"、"画笔速率"等选项。

⓬ "重建选项"设置区：单击"重建"按钮，可以应用重建效果；单击"恢复全部"按钮，可以取消所有扭曲效果，即使当前图像中有被冻结的区域也不例外。

⓭ "蒙版选项"设置区：在该选项区中，有"替换选区" ◐ 、"添加到选区" ◑ 、"从选区中减去" ◐ 、"在选区交叉" ◐ 以及"反相选区" ◐ 等图标；单击"无"按钮，可以解冻所有区域；单击"全部蒙住"按钮，可以使图像全部冻结；单击"全部反相"按钮，可以使冻结和解冻区域反相。

⓮ "视图选项"设置区：在该选项区中，有"显示图像"、"显示网格"、"显示蒙版"、"显示背景"等复选框。

技巧点拨

　　"液化"滤镜可用于推、拉、旋转、反射、折叠和膨胀图像的任意区域。创建的扭曲可以是细微的或剧烈的，这就使"液化"命令成为修饰图像和创建艺术效果的强大工具。可将"液化"滤镜应用于8位/通道或16位/通道图像。

　　使用"液化"滤镜可以逼真地模拟液体流动的效果，用户使用该命令，可以非常方便地制作变形、湍流、扭曲、褶皱、膨胀和对称等效果，但是该命令不能在索引模式、位图模式和多通道色彩模式的图像中使用。按住【Shift】键的同时单击变形工具、左推工具或镜像工具，可创建从以前单击的点沿直线拖动的效果。

实用秘技

062

难度级别：★★★
关键技术："镜头光晕"
命令

→ 制作照片光照特效

实例解析：在Photoshop CS6中，用户可以根据需要通过"渲染"滤镜制作出照片的光照效果。下面介绍制作照片光照特效的操作方法。

素材文件：光盘\素材\第5章\松鼠.jpg

效果文件：光盘\效果\第5章\松鼠.jpg

视频文件：光盘\视频\第5章\制作照片光照特效.mp4

01 在菜单栏中单击"文件"|"打开"命令，打开素材图像，如图 5-5 所示。

图5-5　素材图像

02 单击菜单栏中的"滤镜"|"渲染"|"镜头光晕"命令，如图 5-6 所示。

图5-6　单击"镜头光晕"命令

03 弹出"镜头光晕"对话框，在其中设置各选项，如图 5-7 所示。

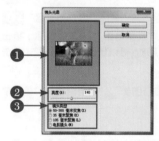

图5-7　"镜头光晕"对话框

04 单击"确定"按钮，即可完成照片光照特效的制作，效果如图 5-8 所示。

图5-8　照片光照特效

❶ "光晕中心区域"缩览图：在图像缩览图上单击或拖动十字线，可以指定光晕的中心。

❷ "亮度"设置区：使对象与网格对齐，网格被隐藏时不能选择该选项。

❸ "镜头类型"设置区：该选项区主要用来选择产生光晕的镜头类型，包括有50 ～ 300 毫米变焦、35 毫米聚焦、105 毫米聚焦以及电影镜头 4 种镜头类型。

实用秘技

063

难度级别：★★★
关键技术："波纹"命令

↘ 制作照片琉璃特效

实例解析：在Photoshop CS6中，用户可以使用"扭曲"滤镜中的"波纹"命令，制作出照片的琉璃特效。下面介绍制作照片琉璃特效的操作方法。

素材文件：光盘\素材\第5章\水灵.jpg

效果文件：光盘\效果\第5章\水灵.jpg

视频文件：光盘\视频\第5章\制作照片琉璃特效.mp4

01 在菜单栏中单击"文件"|"打开"命令，打开素材图像，如图 5-9 所示。

图5-9　素材图像

02 单击菜单栏中的"滤镜"|"扭曲"|"波纹"命令，如图 5-10 所示。

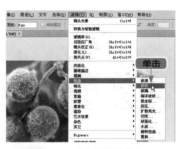

图5-10　单击"波纹"命令

03 弹出"波纹"对话框，在其中设置各选项，如图 5-11 所示。

图5-11　"波纹"对话框

04 单击"确定"按钮，即可完成照片琉璃特效的制作，效果如图 5-12 所示。

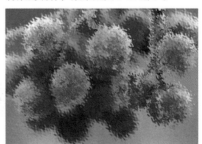

图5-12　照片琉璃特效

❶ "数量"设置区：用于设置产生波纹的数量。

❷ "大小"下拉列表：选择所产生的波纹的大小。

实用秘技

064

→ 制作照片虚化特效

实例解析：在Photoshop CS6中，用户可以使用"像素化"滤镜中的"碎片"命令，制作出照片的虚化特效。下面介绍制作照片虚化特效的操作方法。

难度级别：★ ★ ★
关键技术："碎片"命令

素材文件：光盘\素材\第5章\茶壶.jpg	
效果文件：光盘\效果\第5章\茶壶.jpg	
视频文件：光盘\视频\第5章\制作照片虚化特效.mp4	

01 在菜单栏中单击"文件"|"打开"命令，打开素材图像，如图 5-13 所示。

图5-13　素材图像

02 单击菜单栏中的"滤镜"|"像素化"|"碎片"命令，如图 5-14 所示。

图5-14　单击"碎片"命令

03 执行上述操作后，即可对照片进行碎片像素化处理，制作出照片虚化特效，效果如图 5-15 所示。

图5-15　照片虚化特效

技巧点拨

　　在 Photoshop CS6 中，"碎片"滤镜可以将图像中的像素复制 4 次，然后将复制的像素平均分布，并使其相互偏移。另外，该滤镜没有参数设置对话框。

实用秘技
065

难度级别：★★★
关键技术："镜头校正"
命令

↳ 制作阳光普照特效

实例解析：在Photoshop CS6中，用户可以通过"镜头校正"滤镜，为数码照片制作出阳光普照的效果。下面介绍制作阳光普照特效的操作方法。

素材文件：光盘\素材\第5章\花朵.jpg
效果文件：光盘\效果\第5章\花朵.psd
视频文件：光盘\视频\第5章\制作阳光普照特效.mp4

01 在菜单栏中单击"文件"|"打开"命令，打开素材图像，如图 5-16 所示。

图5-16　素材图像

02 单击菜单栏中的"滤镜"|"镜头校正"命令，如图 5-17 所示。

图5-17　单击"镜头校正"命令

03 弹出"镜头校正"对话框，切换至"自定"选项卡，设置各选项，如图 5-18 所示。

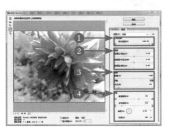

图5-18　"镜头校正"对话框

04 单击"确定"按钮，即可完成阳光普照特效的制作，效果如图 5-19 所示。

图5-19　阳光普照特效

❶ "几何扭曲"设置区："移去扭曲"选项主要用来校正镜头桶形失真或枕形失真。数值为正时，图像将向外扭曲；数值为负时，将向中心扭曲。

❷ "色差"设置区：该选项用于校正色边。

❸ "晕影"设置区：校正由于镜头缺陷或镜头遮光处理不当而导致边缘较暗的图像。"数量"选项用于设置沿图像边缘变亮或变暗的程度；"中点"选项用来指定"数量"数值影响的区域的宽度。

❹ "变换"设置区："垂直透视"选项用于校正由于相机向上或向下倾斜而导致的图像透视错误；"水平透视"选项用于校正图像在水平方向上的透视效果；"角度"选项用于旋转图像，以针对相机歪斜加以校正；"比例"选项用来控制镜头校正的比例。

5.2 数码照片质感效果

在 Photoshop CS6 中，用户可以根据需要制作出数码照片的质感效果。本节主要介绍制作照片水花喷溅特效、制作照片水彩画纸特效以及制作照片彩色半调特效的操作方法。

	↘ 制作照片水花喷溅特效
实用秘技 **066** 难度级别：★★★★ 关键技术："喷溅"命令	实例解析：在Photoshop CS6中，用户可以通过"画笔描边"滤镜中的"喷溅"命令，为数码照片制作出水花喷溅的效果。下面介绍制作照片水花喷溅特效的操作方法。
	素材文件：光盘\素材\第5章\奔跑.jpg
	效果文件：光盘\效果\第5章\奔跑.psd
	视频文件：光盘\视频\第5章\制作照片水花喷溅特效.mp4

01 在菜单栏中单击"文件"|"打开"命令，打开素材图像，如图 5-20 所示。

图5-20 素材图像

03 弹出"喷溅"对话框，在其中设置"喷色半径"为 25、"平滑度"为 6，如图 5-22 所示。

图5-22 "喷溅"对话框

02 复制"背景"图层，得到"背景 副本"图层，单击菜单栏中的"滤镜"|"画笔描边"|"喷溅"命令，如图 5-21 所示。

图5-21 单击"喷溅"命令

04 设置完成后，单击"确定"按钮，即可为照片添加喷溅效果，如图 5-23 所示。

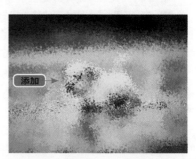

图5-23 添加喷溅效果

❶ "喷色半径"设置区：用于处理不同颜色的区域。数值越高，颜色越分散。

❷ "平滑度"设置区；用于设置喷射效果的平滑程度。

05 展开"图层"面板，为"背景 副本"图层添加图层蒙版，如图 5-24 所示。

图5-24 添加图层蒙版

06 运用黑色画笔工具 ，在图像的相应位置进行涂抹，效果如图 5-25 所示。

图5-25 涂抹图像

07 新建"亮度 / 对比度 1"调整图层，展开属性面板，设置各参数，如图 5-26 所示。

图5-26 设置各参数

08 设置完成后，即可调整照片的亮度和对比度，效果如图 5-27 所示。

图5-27 调整亮度和对比度

09 选取工具箱中的裁剪工具 ，裁剪照片，如图 5-28 所示。

图5-28 裁剪照片

10 按【Enter】键确认，得到最终效果，如图 5-29 所示。

图5-29 最终效果

实用秘技
067

难度级别：★★★★
关键技术："马赛克"
命令

↘ **制作背景马赛克特效**

实例解析：在Photoshop CS6中，如果照片上有其他人物背景，此时可以运用"马赛克"命令制作背景马赛克效果。下面介绍制作背景马赛克特效的操作方法。

素材文件：光盘\素材\第5章\笑容.jpg

效果文件：光盘\效果\第5章\笑容.psd

视频文件：光盘\视频\第5章\制作背景马赛克特效.mp4

01 在菜单栏中单击"文件"|"打开"命令，打开素材图像，如图 5-30 所示。

图5-30　素材图像

02 复制"背景"图层，得到"背景 副本"图层，单击菜单栏中的"滤镜"|"像素化"|"马赛克"命令，如图 5-31 所示。

图5-31　单击"马赛克"命令

03 弹出"马赛克"对话框，设置"单元格大小"为 15，如图 5-32 所示。

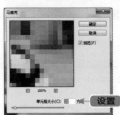

图5-32　"马赛克"对话框

04 单击"确定"按钮，即可为照片添加马赛克效果，如图 5-33 所示。

图5-33　添加马赛克效果

05 添加图层蒙版，运用黑色画笔工具 ✐，涂抹图像的相应位置，效果如图 5-34 所示。

图5-34　涂抹图像

06 新建"亮度/对比度"调整图层，调整亮度/对比度，得到最终效果如图 5-35 所示。

图5-35　最终效果

实用秘技

068

难度级别：★★★
关键技术："墨水轮廓"
命令

↘ **制作照片古典油画特效**

实例解析：在Photoshop CS6中，"墨水轮廓"滤镜可以以钢笔画的风格，用细细的线条在原始细节上绘制图像。下面介绍制作照片古典油画特效的操作方法。

素材文件：	光盘\素材\第5章\山水.jpg
效果文件：	光盘\效果\第5章\山水.jpg
视频文件：	光盘\视频\第5章\制作照片古典油画特效.mp4

01 在菜单栏中单击"文件"|"打开"命令，打开素材图像，如图 5-36 所示。

图5-36 素材图像

02 单击菜单栏中的"滤镜"|"画笔描边"|"墨水轮廓"命令，如图 5-37 所示。

图5-37 单击"墨水轮廓"命令

03 弹出"墨水轮廓"对话框，在其中设置各参数，如图 5-38 所示。

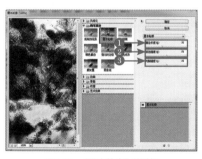

图5-38 "墨水轮廓"对话框

04 设置完成后，单击"确定"按钮，即可制作出照片古典油画特效，效果如图 5-39 所示。

图5-39 古典油画特效

1 "描边长度"设置区：用于设置图像中生成的线条的长度。

2 "深色强度"设置区：用于设置线条阴影的强度。数值越高，图像越暗。

3 "光照强度"设置区：用于设置线条高光的强度。数值越高，图像越亮。

实用秘技

069

↘ 制作照片水彩画纸特效

实例解析："水彩画纸"滤镜可以利用有污点的画笔在潮湿的纤维纸上绘画，使颜色产生流动效果并相互混合。下面介绍制作照片水彩画纸特效的操作方法。

难度级别：★ ★ ★
关键技术："水彩画纸"命令

素材文件：光盘\素材\第5章\彩蛋.jpg	
效果文件：光盘\效果\第5章\彩蛋.jpg	
视频文件：光盘\视频\第5章\制作照片水彩画纸特效.mp4	

01 在菜单栏中单击"文件"|"打开"命令，打开素材图像，如图 5-40 所示。

图5-40 素材图像

02 单击菜单栏中的"滤镜"|"素描"|"水彩画纸"命令，如图 5-41 所示。

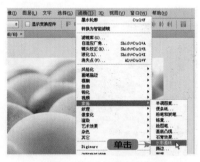

图5-41 单击"水彩画纸"命令

03 弹出"水彩画纸"对话框，在其中设置各参数，如图 5-42 所示。

图5-42 "水彩画纸"对话框

04 设置完成后，单击"确定"按钮，即可制作照片水彩画纸特效，效果如图 5-43 所示。

图5-43 水彩画纸特效

❶ "纤维长度"设置区：用来控制在图像中生成的纤维的长度。

❷ "亮度"设置区：用来控制图像的亮度，可以调整图像的亮度值。

❸ "对比度"设置区：用来控制图像的对比度，可以调整图像的对比度值。

实用秘技

070

难度级别：★★★
关键技术："彩色半调"
命令

↘ 制作照片彩色半调特效

实例解析：在Photoshop CS6中，"彩色半调"滤镜可以模拟在图像的每个通道上使用放大的半调网屏的效果。下面介绍制作照片彩色半调特效的操作方法。

素材文件：	光盘\素材\第5章\玫瑰.jpg
效果文件：	光盘\效果\第5章\玫瑰.jpg
视频文件：	光盘\视频\第5章\制作照片彩色半调特效.mp4

01 在菜单栏中单击"文件"|"打开"命令，打开素材图像，如图 5-44 所示。

图5-44　素材图像

02 单击菜单栏中的"滤镜"|"像素化"|"彩色半调"命令，如图 5-45 所示。

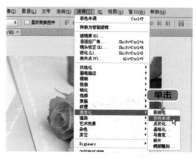

图5-45　单击"彩色半调"命令

03 弹出"彩色半调"对话框，在其中设置各参数，如图 5-46 所示。

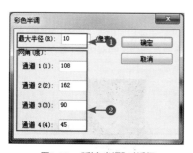

图5-46　"彩色半调"对话框

04 设置完成后，单击"确定"按钮，即可制作照片彩色半调特效，效果如图 5-47 所示。

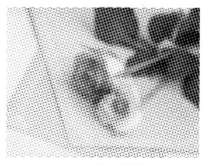

图5-47　彩色半调特效

❶ "最大半径"数值框：用来设置生成的最大网点的半径。

❷ "网角（度）"设置区：该选区中包含通道 1、通道 2、通道 3 以及通道 4 选项，用来设置图像各个原色通道的网点角度。

5.3 数码照片艺术效果

在 Photoshop CS6 中，用户可以根据需要制作出数码照片的艺术效果。本节主要介绍制作照片美人蜡笔特效、制作照片阴影线特效等的操作方法。

实用秘技 **071**	↘ 制作照片美人蜡笔特效
	实例解析：在Photoshop CS6中，"粗糙蜡笔"滤镜可以在带纹理的背景上应用粉笔描边，制作出美人蜡笔效果。下面介绍制作照片美人蜡笔特效的操作方法。
难度级别：★★★★ 关键技术："粗糙蜡笔"命令	素材文件：光盘\素材\第5章\美女.jpg
	效果文件：光盘\效果\第5章\美女.jpg
	视频文件：光盘\视频\第5章\制作照片美人蜡笔特效.mp4

01 在菜单栏中单击"文件"|"打开"命令，打开素材图像，如图 5-48 所示。

图5-48　素材图像

02 单击菜单栏中的"图像"|"调整"|"亮度/对比度"命令，如图 5-49 所示。

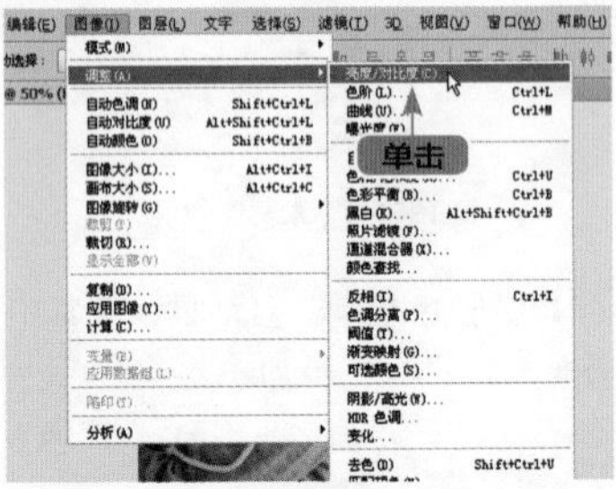

图5-49　单击"亮度/对比度"命令

03 弹出"亮度/对比度"对话框，在其中设置"亮度"为 50、"对比度"为 45，如图 5-50 所示。

图5-50　"亮度/对比度"对话框

04 设置完成后，单击"确定"按钮，即可调整照片的亮度和对比度，效果如图 5-51 所示。

图5-51　调整亮度和对比度

05 在菜单栏中单击"滤镜"|"艺术效果"|"粗糙蜡笔"命令，如图 5-52 所示。

06 弹出"粗糙蜡笔"对话框，在其中设置各参数，如图 5-53 所示。

图5-52 单击"粗糙蜡笔"命令

图5-53 "粗糙蜡笔"对话框

❶ "描边长度"设置区：用来设置蜡笔笔触的长度。

❷ "描边细节"设置区：用来设置在图像中刻画的细腻程度。

❸ "纹理"下拉列表框：选择应用于图像中的纹理类型，包含"砖形"、"粗麻布"、"画布"和"砂岩"4 种类型。

❹ "缩放"设置区：用来设置纹理的缩放程度。

❺ "凸现"设置区：用来设置纹理的凸起程度。

❻ "光照"下拉列表框：用来设置光照的方向。

07 设置完成后，单击"确定"按钮，即可将数码照片处理成蜡笔特效，效果如图 5-54 所示。

图5-54 蜡笔特效效果

实用秘技

072

难度级别：★★★★
关键技术："阴影线"命令

↘ **制作照片阴影线特效**

实例解析：在Photoshop CS6中，"阴影线"滤镜可以保留原始图像的细节和特征，同时使用模拟的铅笔阴影线在图像中添加纹理，并使彩色区域的边缘变粗糙。

素材文件：光盘\素材\第5章\甜蜜.jpg

效果文件：光盘\效果\第5章\甜蜜.jpg

视频文件：光盘\视频\第5章\制作照片阴影线特效.mp4

01 在菜单栏中单击"文件"|"打开"命令，打开素材图像，如图 5-55 所示。

图5-55 素材图像

02 单击菜单栏中的"图像"|"调整"|"亮度/对比度"命令，如图 5-56 所示。

图5-56 单击"亮度/对比度"命令

03 弹出"亮度/对比度"对话框，在其中设置"亮度"值为 70，如图 5-57 所示。

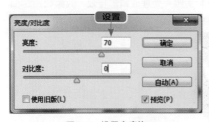

图5-57 设置亮度值

04 设置完成后，单击"确定"按钮，即可调整照片的亮度，效果如图 5-58 所示。

图5-58 调整亮度

技巧点拨

在 Photoshop CS6 中，"画笔描边"滤镜组包含 8 种滤镜，这些滤镜中有一部分可以通过不同的油墨和画笔勾画图像并产生绘画效果，而有些滤镜可以添加杂色、边缘细节、绘画、纹理和颗粒。

另外，需要注意的是"画笔描边"滤镜组中的所有滤镜都不能应用于 CMYK 图像和 Lab 图像。

05 在菜单栏中单击"滤镜"|"画笔描边"|"阴影线"命令，如图5-59所示。

图5-59 单击"阴影线"命令

06 弹出"阴影线"对话框，在其中设置各参数，如图5-60所示。

图5-60 "阴影线"对话框

❶ "描边长度"设置区：用于设置线条的长度。

❷ "锐化程度"设置区：用于设置线条的清晰程度。

❸ "强度"设置区：用于设置线条的数量和强度。

07 单击"确定"按钮，即可完成照片阴影线特效的制作，效果如图5-61所示。

图5-61 阴影线特效

08 在菜单栏中单击"图像"|"调整"|"亮度/对比度"命令，如图5-62所示。

图5-62 单击"亮度/对比度"命令

09 弹出"亮度/对比度"对话框，在其中设置亮度、对比度参数，如图5-63所示。

图5-63 设置"亮度/对比度"参数

10 单击"确定"按钮，得到的最终效果如图5-64所示。

图5-64 最终效果

实用秘技

073

难度级别：★★★★
关键技术："扩散亮光"
命令

↘ **制作照片扩散亮光特效**

实例解析：在Photoshop CS6中，"扩散亮光"滤镜可以向图像中添加白色杂色，并从图像中心向外渐隐高光，使图像产生一种光芒漫射的效果。

素材文件：光盘\素材\第5章\天鹅.jpg

效果文件：光盘\效果\第5章\天鹅.jpg

视频文件：光盘\视频\第5章\制作照片扩散亮光特效.mp4

01 在菜单栏中单击"文件"|"打开"命令，打开素材图像，如图5-65所示。

图5-65　素材图像

02 单击菜单栏中的"滤镜"|"扭曲"|"扩散亮光"命令，如图5-66所示。

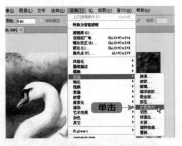

图5-66　单击"扩散亮光"命令

03 弹出"扩散亮光"对话框，在其中设置各参数，如图5-67所示。

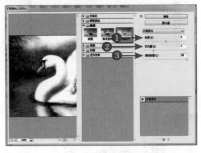

图5-67　"扩散亮光"对话框

04 设置完成后，单击"确定"按钮，即可制作出扩散亮光特效，效果如图5-68所示。

图5-68　扩散亮光特效

❶ "粒度"设置区：用于设置在图像中添加的颗粒的数量。

❷ "发光量"设置区：用于设置在图像中生成的亮光的强度。

❸ "清除数量"设置区：用于限制图像中受到"扩散亮光"滤镜影响的范围。数值越高，"扩散亮光"滤镜影响的范围就越小。

实用秘技
074

难度级别：★★★★
关键技术："水彩"命令

→ **制作照片水彩特效**

实例解析：在Photoshop CS6中，"水彩"滤镜可以用水彩风格绘制图像，当边缘有明显的色调变化时，该滤镜会使颜色更加饱满。下面介绍制作照片水彩特效的操作方法。

素材文件：光盘\素材\第5章\猫咪.jpg	
效果文件：光盘\效果\第5章\猫咪.jpg	
视频文件：光盘\视频\第5章\制作照片水彩特效.mp4	

01 在菜单栏中单击"文件"|"打开"命令，打开素材图像，如图 5-69 所示。

图5-69 素材图像

02 单击菜单栏中的"滤镜"|"艺术效果"|"水彩"命令，如图 5-70 所示。

图5-70 单击"水彩"命令

03 弹出"水彩"对话框，在其中设置各参数，如图 5-71 所示。

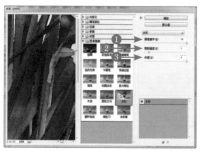

图5-71 "水彩"对话框

04 设置完成后，单击"确定"按钮，即可制作出水彩特效，效果如图 5-72 所示。

图5-72 水彩特效

① "画笔细节"设置区：用来设置画笔在图像中刻画的细腻程度。

② "阴影强度"设置区：用来设置画笔在图像中绘制暗部区域的范围。

③ "纹理"设置区：用来调节水彩的材质肌理。

照片精修篇

第6章

数码照片人像精修

学前提示

在人像摄影照片的后期处理中，常常对人物面部或身体部位进行一些必要的美化与修饰，使照片显得更漂亮、美观。本章主要介绍如何利用 Photoshop CS6 中的一些工具与命令来达到修饰图像的效果。

本章重点

◎ 人像照片美容精修

◎ 人像照片美肤精修

◎ 人像照片美体精修

本章视频

6.1 人像照片美容精修

时代在变、爱美之心永不变，人人都有着一颗让自己完美的心，随着科技的发展，整形、美容、美发、祛斑、染发以及烫发等已经成为时尚的标识。本节通过对人物头部的处理与修饰，详细讲解在 Photoshop 中美容的方法与技巧。

实用秘技 075

难度级别：★★★★
关键技术："旋转扭曲"命令

↘ 制作时尚卷发

实例解析：在Photoshop CS6中，可以运用"扭曲"滤镜选项组中的"旋转扭曲"滤镜，将一成不变的直发改变成时尚小卷发。下面介绍制作时尚卷发的操作方法。

素材文件：光盘\素材\第6章\人物1.jpg
效果文件：光盘\效果\第6章\人物1.jpg
视频文件：光盘\视频\第6章\制作时尚卷发.mp4

01 在菜单栏中单击"文件"|"打开"命令，打开素材图像，如图6-1所示。

图6-1 素材图像

02 展开"图层"面板，拖曳"背景"图层至"创建新图层"按钮 🔲 上，如图6-2所示。

图6-2 拖曳"背景"图层

03 执行操作后，得到"背景 副本"图层，如图6-3所示。

图6-3 得到"背景 副本"图层

04 选取工具箱中的椭圆选框工具 ◯ ，在人物头发上方创建一个正圆选区，如图6-4所示。

图6-4 创建正圆选区

05 单击菜单栏中的"滤镜"|"扭曲"|"旋转扭曲"命令,弹出"旋转扭曲"对话框,如图6-5所示。

06 设置"角度"为50度,单击"确定"按钮,旋转扭曲效果如图6-6所示。

图6-5 "旋转扭曲"对话框

图6-6 旋转扭曲效果

07 将鼠标指针置于选区内部,单击鼠标左键并向下拖曳,如图6-7所示。

08 按【Ctrl + F】组合键重复上次滤镜操作,效果如图6-8所示。

图6-7 拖曳鼠标

图6-8 重复上次滤镜操作效果

09 按上述同样的方法,移动选区位置后按【Ctrl + F】组合键重复上次滤镜操作,效果如图6-9所示。

10 按【Ctrl + D】组合键,取消选区,即可制作出时尚卷发效果,如图6-10所示。

图6-9 多次重复上次滤镜操作效果

图6-10 时尚卷发效果

技巧点拨

"旋转扭曲"滤镜用于旋转选区,中心的旋转程度比边缘的旋转程度大,指定角度时可生成旋转扭曲图案。

实用秘技

076

→ **添加漂亮睫毛**

难度级别：★★★

关键技术："图层"面板

实例解析：眼睛是人物的心灵之窗，用户在处理照片的时候可以为人物添加漂亮的睫毛，修饰出完美的眼睛。下面介绍添加漂亮睫毛的操作方法。

素材文件：	光盘\素材\第6章\人物2.jpg、睫毛.psd
效果文件：	光盘\效果\第6章\人物2.jpg
视频文件：	光盘\视频\第6章\添加漂亮睫毛.mp4

01 在菜单栏中单击"文件"|"打开"命令，打开素材图像，如图6-11所示。

图6-11　素材图像

03 展开"图层"面板，复制"图层1"图层，得到"图层1副本"图层，如图6-13所示。

图6-13　复制"图层1"图层

05 在"图层"面板中设置"图层1副本"图层的"不透明度"为50%，效果如图6-15所示。

图6-15　调整不透明度效果

02 用同样的方法，打开"睫毛.psd"素材文件，并将其拖曳至"人物1"图像编辑窗口中的相应位置处，如图6-12所示。

图6-12　拖入素材图像

04 执行上述操作后，即可加深人物睫毛，效果如图6-14所示。

图6-14　加深人物睫毛

06 复制"图层1"图层得到"图层1副本2"图层，再单击菜单栏中的"编辑"|"变换"|"水平翻转"命令，翻转图像，如图6-16所示。

图6-16　翻转图像

07 将翻转后的睫毛图像拖曳至人物的右眼处，如图 6-17 所示。

08 将复制的睫毛图像适当地缩放和旋转，效果如图 6-18 所示。

图6-17 拖曳睫毛图像

图6-18 调整睫毛图像

<table>
<tr><td>实用秘技
077
难度级别：★★★
关键技术："液化"命令</td><td>↘ **识别色域范围外的颜色**

实例解析：在Photoshop CS6中，用户可以使用"液化"滤镜中的膨胀工具，制作出扩大照片局部图像的效果。下面介绍打造大眼美女的操作方法。

素材文件：光盘\素材\第6章\人物3.jpg
效果文件：光盘\效果\第6章\人物3.jpg
视频文件：光盘\视频\第6章\打造大眼美女.mp4</td></tr>
</table>

01 在菜单栏中单击"文件"|"打开"命令，打开素材图像，如图 6-19 所示。

02 单击菜单栏中的"滤镜"|"液化"命令，弹出"液化"对话框，选取冻结蒙版工具，涂抹人物眼球，如图 6-20 所示。

图6-19 素材图像

图6-20 涂抹人物眼球

03 选取膨胀工具 ，在右侧的工具选项区中设置画笔工具选项，如图6-21所示。

04 将鼠标拖曳至图像预览窗口左侧的眼睛处，重复单击鼠标左键，放大左眼，效果如图6-22所示。

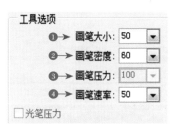

图6-21　设置画笔工具选项

图6-22　放大左眼

❶ "画笔大小"数值框：设置使用该工具操作时，图像受影响区域的大小。

❷ "画笔密度"数值框：控制画笔如何在边缘羽化。产生的效果是：画笔的中心最强，边缘处最轻。

❸ "画笔压力"数值框：用于设置使用该工具操作时，此操作影响图像的程度大小。

❹ "画笔速率"数值框：用于设置使用工具（例如膨胀工具）在预览图像中保持静止时膨胀所应用的速度。该设置的值越大，应用膨胀的速度就越快。

05 拖曳鼠标至图像预览窗口右侧的眼睛处，重复单击鼠标左键，效果如图6-23所示。

06 单击"确定"按钮，即可将图像编辑窗口中的眼睛放大，效果如图6-24所示。

图6-23　放大右眼

图6-24　大眼美女效果

技巧点拨

膨胀工具的主要作用是将图片变肥增大。用户还可以设置"湍流抖动"的值来控制湍流工具拼凑像素的紧密程度。

実用秘技
078

难度级别：★★★★
关键技术：钢笔工具

↘ **制作亮白牙齿**

实例解析：照片中人物的牙齿不够洁白，就会影响人物的整体形象，用户可以通过照片的后期处理来美白人物牙齿。下面介绍制作亮白牙齿的操作方法。

素材文件：光盘\素材\第6章\人物4.jpg
效果文件：光盘\效果\第6章\人物4.jpg
视频文件：光盘\视频\第6章\制作亮白牙齿.mp4

技巧点拨

> 钢笔工具属于矢量绘图工具，其优点是可以勾画平滑的曲线，在缩放或者变形之后仍能保持平滑效果。钢笔工具画出来的矢量图形称为路径，路径是矢量的路径，允许是不封闭的开放状，如果把起点与终点重合绘制就可以得到封闭的路径。

01 在菜单栏中单击"文件"|"打开"命令，打开素材图像，如图 6-25 所示。

图6-25　素材图像

02 选取工具箱中的钢笔工具 ，将鼠标指针移移至人物的牙齿处，单击鼠标左键并拖曳，绘制一个封闭的路径，如图 6-26 所示。

图6-26　绘制一个封闭路径

03 展开【路径】面板，单击面板底部的"将路径作为选区载入"按钮 ，将路径转换为选区，如图 6-27 所示。

图6-27　将路径转换为选区

04 单击菜单栏中的"选择"|"修改"|"羽化"命令，弹出"羽化选区"对话框，设置"羽化半径"为1，如图 6-28 所示。

图6-28　"羽化选区"对话框

技巧点拨

羽化用来设置填充效果的边缘,当用户要把填充效果的边缘做得模糊一点时,可以设置羽化值,羽化的值越大填充的边缘则越模糊。

05 单击【确定】按钮,即可将图像编辑窗口中的选区羽化1个像素,效果如图6-29所示。

06 按【Ctrl + J】组合键,在"图层"面板中新建"图层1"图层,如图6-30所示。

图6-29 羽化选区

图6-30 新建"图层1"图层

07 单击菜单栏中的"图像"|"调整"|"色阶"命令,弹出"色阶"对话框,设置各选项分别为15、1.78、222,单击"确定"按钮,效果如图6-31所示。

08 单击菜单栏中的"图像"|"调整"|"色彩平衡"命令,弹出"色彩平衡"对话框,设置各选项分别为-28、-68、28,单击"确定"按钮,即可调整图像编辑窗口中人物图像的牙齿颜色,效果如图6-32所示。

图6-31 调整图像色阶效果

图6-32 调整牙齿颜色效果

实用秘技

079

难度级别：★★★★
关键技术："色相/饱和度"命令

↘ **制作闪亮双唇**

实例解析：在日常化妆中，唇彩是非常重要的，闪亮的唇彩体现着女孩的时尚与个性。下面介绍制作闪亮双唇的操作方法。

| 素材文件：光盘\素材\第6章\人物5.jpg |
| 效果文件：光盘\效果\第6章\人物5.jpg |
| 视频文件：光盘\视频\第6章\制作闪亮双唇.mp4 |

01 在菜单栏中单击"文件"|"打开"命令，打开素材图像，如图6-33所示。

图6-33　素材图像

03 展开"路径"面板，单击面板底部的"将路径作为选区载入"按钮，将路径转换为选区，如图6-35所示。

图6-35　将路径转换为选区

05 单击菜单栏中的"图像"|"调整"|"色相/饱和度"命令，弹出"色相/饱和度"对话框，选中"着色"复选框，如图6-37所示。

图6-37　"色相/饱和度"对话框

02 选取工具箱中的钢笔工具，在嘴唇的外轮廓处，绘制一个闭合路径，如图6-34所示。

图6-34　绘制一个闭合路径

04 单击菜单栏中的"选择"|"修改"|"羽化"命令，弹出"羽化选区"对话框，设置"羽化半径"值为5像素，单击"确定"按钮，如图6-36所示。

图6-36　羽化选区

06 设置"色相"、"饱和度"和"明度"值分别为360、85、-6，单击"确定"按钮，并按【Ctrl + D】组合键取消选区，制作的闪亮双唇如图6-38所示。

图6-38　闪亮双唇效果

实用秘技

080

难度级别：★★
关键技术：红眼工具

↘ 去除人物红眼

实例解析：在夜晚等场景中拍摄的人物照片往往会出现红眼现象，用户可以通过使用红眼工具 +❀ 消除照片中的红眼。下面介绍去除人物红眼的操作方法。

素材文件：光盘\素材\第6章\人物5.jpg

效果文件：光盘\效果\第6章\人物5.jpg

视频文件：光盘\视频\去除人物红眼.mp4

01 在菜单栏中单击"文件"|"打开"命令，打开素材图像，如图 6-39 所示，选取工具箱中的红眼工具 +❀。

图6-39　素材图像

02 在工具属性栏中设置"瞳孔大小"值为 50%、"变暗量"值为 50%，移动鼠标指针至图像窗口的左眼处，如图 6-40 所示。

图6-40　移动鼠标指针

◣ **技巧点拨**

"红眼"这个术语实际上是针对人物拍摄的，当闪光灯照射到人眼的时候，瞳孔会放大让更多的光线通过，视网膜的血管就会在照片上产生泛红现象。由于红眼现象的程度是根据拍摄对象色素的深浅决定的，如果拍摄对象的眼睛颜色较深，红眼现象便不会特别明显。人类红眼现象一般是在光线较暗的环境下拍摄的时候，瞳孔放大让更多的光线通过，因此视网膜的血管就会在照片上产生泛红现象。而对于动物来说，即使在光线充足的情况下拍摄也会出现这类现象。

03 单击鼠标左键，释放鼠标后即可修正红眼，效果如图 6-41 所示。

图6-41　修复人物左眼

04 用同样的方法，修复人物右眼的红眼，效果如图 6-42 所示。

图6-42　修复人物右眼

6.2 人像照片美肤精修

完美的脸型、嫩白的皮肤、绚丽的彩妆永远都是女性较为关注的焦点。本节主要介绍如何运用 Photoshop CS6 中的强大功能对人物皮肤进行修饰，力求得到更好的照片效果。

实用秘技 **081**	↘ **去除面部瑕疵**
难度级别：★★★ 关键技术："表面模糊"命令	实例解析：本实例运用Photoshop CS6中的"表面模糊"滤镜等操作，在后期照片处理中用来遮盖面部瑕疵。下面介绍去除面部瑕疵的操作方法。
	素材文件：光盘\素材\第6章\人物7.jpg
	效果文件：光盘\效果\第6章\人物7.jpg
	视频文件：光盘\视频\去除面部瑕疵.mp4

01 在菜单栏中单击"文件"|"打开"命令，打开素材图像，如图6-43所示。

图6-43　素材图像

02 复制"背景"图层，得到【背景 副本】图层，如图6-44所示。

图6-44　复制"背景"图层

03 单击菜单栏中的"滤镜"|"模糊"|"表面模糊"命令，弹出"表面模糊"对话框，设置各选项分别为18、15，如图6-45所示。

图6-45　"表面模糊"对话框

04 设置完成后，单击【确定】按钮，即可为图像编辑窗口中的图像添加"表面模糊"滤镜，效果如图6-46所示。

图6-46　添加"表面模糊"滤镜效果

05 在"图层"面板中为"背景 副本"图层添加图层蒙版，如图 6-47 所示。

图6-47　添加图层蒙版

06 运用黑色的画笔工具，在图像编辑窗口中人物的眼部、头发、嘴唇和背景处重复进行涂抹，从而达到去除面部瑕疵的效果，如图 6-48 所示。

图6-48　去除面部瑕疵效果

技巧点拨

通常数码相机都会有自动白平衡、情景白平衡（日光、阴天、水面、雪地、日光灯、白炽灯等）和手动白平衡。在日光情况下，一般相机的自动白平衡都是非常准确的。但在其他情况下，自动白平衡系统就很难准确地调整到最合适的位置。

实用秘技 082

难度级别：★★★
关键技术：向前变形工具

调整照片明暗

实例解析：每个女孩都希望拥有一个小巧的脸型，在没有办法改变自身脸型的时候，可以通过使用"液化"滤镜来达到修正脸型的效果。下面介绍打造秀气下巴的操作方法。

素材文件：光盘\素材\第6章\人物8.jpg

效果文件：光盘\效果\第6章\人物8.jpg

视频文件：光盘\视频\第6章\打造秀气下巴.mp4

01 在菜单栏中单击"文件"|"打开"命令，打开素材图像，如图 6-49 所示。

图6-49　素材图像

02 单击菜单栏中的"滤镜"|"液化"命令，弹出"液化"对话框，选取冻结蒙版工具，在图像中涂抹，如图 6-50 所示。

图6-50　涂抹图像

03 选取工具箱中的向前变形工具 ✎，并设置画笔工具选项，如图 6-51 所示。

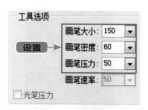

图6-51　设置画笔工具选项

04 拖曳鼠标至图像预览窗口的左侧，单击鼠标左键并向右侧拖曳，效果如图6-52所示。

图6-52　拖曳鼠标1

05 移动鼠标至图像预览窗口的右侧，单击鼠标左键向左侧拖曳,效果如图6-53所示。

图6-53　拖曳鼠标2

06 执行操作后，单击"确定"按钮，即可打造出秀气下巴，效果如图 6-54 所示。

图6-54　秀气下巴效果

实用秘技

083

难度级别：★★★
关键技术：修复画笔工具

↘ 去除脸部皱纹

实例解析：修复画笔工具可以取样图像，再将取样的图像绘制出来。运用修复画笔工具可以精确地复制需要的图像，常用来修复图像。下面介绍去除脸部皱纹的操作方法。

素材文件：光盘\素材\第6章\人物9.jpg
效果文件：光盘\效果\第6章\人物9.jpg
视频文件：光盘\视频\第6章\去除脸部皱纹.mp4

01 在菜单栏中单击"文件"|"打开"命令，打开素材图像，如图 6-55 所示。

图6-55　素材图像

02 选取工具箱中的修复画笔工具 ✐,在人物脸部相应位置，按住【Alt】键的同时，单击鼠标左键进行取样，如图 6-56 所示。

图6-56　取样图像

03 在需要进行修复的位置单击鼠标左键，进行修复，效果如图 6-57 所示。

图6-57 修复图像

04 使用上述同样的方法，修复其他的皱纹区域，效果如图 6-58 所示。

图6-58 修复皱纹效果

实用秘技

084

难度级别：★★★
关键技术："叠加"模式

↘ 改变指甲颜色

实例解析：本实例通过钢笔工具 🖊 创建指甲选区，然后为选区填充颜色，最后通过"亮度\对比度"命令调整色彩。下面介绍改变指甲颜色的操作方法。

素材文件：光盘\素材\第6章\指甲.jpg

效果文件：光盘\效果\第6章\指甲.jpg

视频文件：光盘\视频\第6章\改变指甲颜色.mp4

---

01 在菜单栏中单击"文件"|"打开"命令，打开素材图像，如图 6-59 所示。

图6-59 素材图像

02 选取工具箱中的钢笔工具 🖊，在所有指甲处绘制封闭路径，如图 6-60 所示。

绘制

图6-60 绘制封闭路径

◤ **技巧点拨**

　　选区用于分离图像的一个或多个部分。通过选择特定区域，可以编辑效果和滤镜并将其应用于图像的局部，同时保持未选定区域不会被改动。Photoshop 提供了单独的工具组，用于建立栅格数据选区和矢量数据选区。例如，若要选择像素，可以使用选框工具或套索工具，也可以使用"选择"菜单中的命令选择全部像素、取消选择或重新选择。若要选择矢量数据，可以使用钢笔工具或形状工具，这些工具将生成名为路径的精确轮廓。另外，用户还可以将路径转换为选区或将选区转换为路径。

03 按【Ctrl + Enter】组合键将路径转换为选区，并将选区羽化 1 个像素，如图 6-61 所示。

04 新建"图层 1"图层，设置前景色 RGB 参数值分别为 157、39、61，在选区内填充前景色，效果如图 6-62 所示。

图6-61 羽化选区

图6-62 填充前景色

05 在"图层"面板中设置"图层 1"图层的"混合模式"为"叠加"，更改图层的混合模式，效果如图 6-63 所示。

06 单击菜单栏中的"图像"|"调整"|"亮度 / 对比度"命令，弹出"亮度 / 对比度"对话框，设置各选项均为 100，单击"确定"按钮，并取消选区，效果如图 6-64 所示。

图6-63 更改图层的混合模式效果

图6-64 图像效果

技巧点拨

在正常模式中，"亮度 / 对比度"会与"色阶"和"曲线"调整一样，按比例（非线性）调整图像的图层效果。当选中"亮度 / 对比度"对话框中的"使用旧版"复选框时，在调整亮度时则只是简单地增大或减小所有的像素值。

实用秘技 085

难度级别：★★★
关键技术："色阶"命令

↘ **制作单色照片**

实例解析：本实例主要运用"色阶"调整图层调整人物皮肤，然后修饰"色阶"调整图层的蒙版恢复其他区域的色调。下面介绍美白人物皮肤的操作方法。

素材文件：光盘\素材\第6章\人物10.jpg

效果文件：光盘\效果\第6章\人物10.jpg

视频文件：光盘\视频\第6章\美白人物皮肤.mp4

01 在菜单栏中单击"文件"|"打开"命令，打开素材图像，如图 6-65 所示。

图6-65 素材图像

03 单击菜单栏中的"图像"|"调整"|"色阶"命令，弹出"色阶"对话框，设置其中各参数分别为 0、1.75、222，如图 6-67 所示。

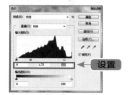

图6-67 "色阶"对话框

02 按【Ctrl + J】组合键复制"背景"图层，得到"图层 1"图层，如图 6-66 所示

图6-66 复制"背景"图层

04 单击"确定"按钮，即可调整图像的整体亮度，效果如图 6-68 所示。

图6-68 调整图像的整体亮度

技巧点拨

在"色阶"对话框中，默认情况下，"输出"滑块位于色阶 0（像素为黑色）和色阶 255（像素为白色）。"输出"滑块位于默认位置时，如果移动黑色输入滑块，则会将像素值映射为色阶 0，而移动白色滑块则会将像素值映射为色阶 255，其余的色阶将在色阶 0 和 255 之间重新分布。这种重新分布情况将会增大图像的色调范围，实际上增强了图像的整体对比度。

05 为"图层 1"图层添加图层蒙版，运用黑色的画笔工具 ✎ 涂抹人物的头发、眼睛和嘴唇，效果如图 6-69 所示。

图6-69 涂抹图像

06 新建"自然饱和度 1"调整图层，展开调整面板，设置"自然饱和度"为 55，完成美白皮肤的操作，效果如图 6-70 所示。

图6-70 美白皮肤效果

実用秘技
086

难度级别：★★★★
关键技术："颜色加深"
模式

↘ **添加靓丽眼影**

实例解析：绚丽的眼影能让眼睛变得深邃迷人，增添妩媚感，读者可以尝试着使用Photoshop为照片画一个靓丽眼影。下面介绍添加靓丽眼影的操作方法。

素材文件：光盘\素材\第6章\人物10.jpg

效果文件：光盘\效果\第6章\人物10.jpg

视频文件：光盘\视频\第6章\添加靓丽眼影.mp4

01 在菜单栏中单击"文件"|"打开"命令，打开素材图像，如图6-71所示。

图6-71　素材图像

03 按【Ctrl + Enter】组合键将路径转换为选区，并将图像编辑窗口中的选区羽化15个像素，如图6-73所示。

图6-73　羽化选区

05 设置"图层1"图层的"混合模式"为"颜色加深"，为其添加图层蒙版，并运用黑色的画笔工具涂抹人物眼睛，效果如图6-75所示。

图6-75　涂抹人物眼睛

02 选取工具箱中的钢笔工具 ✎，在人物的眼皮处绘制一个闭合路径，如图6-72所示。

图6-72　绘制一个闭合路径

04 新建"图层1"图层，设置前景色为枚红色（RGB参数值分别为236、139、171），按【Alt + Delete】组合键，在选区内填充前景色，并取消选区，效果如图6-74所示。

图6-74　填充前景色

06 使用以上同样的方法，为另外一个眼睛添加眼影，并使用图层蒙版进行修饰，完成靓丽眼影的添加，效果如图6-76所示。

图6-76　添加靓丽眼影效果

6.3 人像照片美体精修

美妙的身材是每个爱美之人一生的事业，嫩白的肌肤、纤细的手臂、S形身材、性感小腰、丰满翘臀等身体特征都是关注并讨论的焦点，无论是海报还是时尚杂志上，通过一些简单的修饰手段，即可使光鲜亮丽的明星人物更显光彩。

实用秘技 087	↘ 打造性感隆胸
难度级别：★★★ 关键技术：膨胀工具	实例解析：每个女孩都希望自己拥有凹凸有致的身材，在Photoshop中读者可以通过"液化"滤镜塑造出完美的身材。下面介绍打造性感隆胸的操作方法。 素材文件：光盘\素材\第6章\人物12.jpg 效果文件：光盘\效果\第6章\人物12.jpg 视频文件：光盘\视频\第6章\打造性感隆胸.mp4

01 在菜单栏中单击"文件"|"打开"命令，打开素材图像，如图6-77所示。

图6-77 素材图像

02 单击菜单栏中的"滤镜"|"液化"命令，弹出"液化"对话框，在对话框中的左侧选取向前变形工具，并设置"画笔大小"为100、"画笔密度"为60、"画笔压力"为50，如图6-78所示。

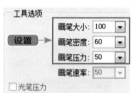

图6-78 设置画笔工具选项

03 移动鼠标至图像编辑预览窗口中人物左侧的腰部，拖曳鼠标左键并向右侧拖曳，效果如图6-79所示。

图6-79 调整人物图像左侧的腰部

04 用同样的方法，调整人物图像右侧的腰部，效果如图6-80所示。

图6-80 调整人物图像右侧的腰部

05 在"液化"对话框的左侧选取膨胀工具 ✧，并设置"画笔速率"为45，移动鼠标至人物的胸部，单击鼠标左键并拖曳，如图6-81所示。

06 单击【确定】按钮，即可膨胀人物的胸部，得到性感隆胸效果如图6-82所示。

图6-81　膨胀人物的胸部

图6-82　性感隆胸效果

实用秘技

088

难度级别：★★★
关键技术："正片叠底"模式

↘ **制作魅力文身**

实例解析：本实例运用了"正片叠底"图层混合模式，使两幅不同的图像实现叠加效果。下面介绍制作魅力文身的操作方法。

素材文件：光盘\素材\第6章\人物、花纹12.jpg
效果文件：光盘\效果\第6章\人物12.jpg
视频文件：光盘\视频\第6章\制作魅力文身.mp4

01 在菜单栏中单击"文件"|"打开"命令，打开素材图像，如图6-83所示。

图6-83　素材图像

02 用同样的方法，打开另一幅素材图像，选取工具箱中的移动工具 ►⊕，将素材图像拖曳至人物图像编辑窗口中，如图6-84所示。

图6-84　拖入素材图像

03 按【Ctrl + T】组合键，调出变换控制框，适当调整花纹图像的大小和角度，效果如图6-85所示。

图6-85　调整花纹图像的大小和角度

04 在"图层"面板中，设置"图层1"图层的"混合模式"为"正片叠底"，效果如图6-86所示。

图6-86　魅力文身效果

实用秘技

089

难度级别：★★★★★
关键技术："表面模糊"命令

→ 打造亮白美腿

实例解析：本实例通过"表面模糊"滤镜设置腿部的图像，再应用调整"色阶"命令来打造亮白美腿。下面介绍打造亮白美腿的操作方法。

| 素材文件：光盘\素材\第6章\人物14.jpg |
| 效果文件：光盘\效果\第6章\人物14.jpg |
| 视频文件：光盘\视频\第6章\打造亮白美腿.mp4 |

01 在菜单栏中单击"文件"|"打开"命令，打开素材图像，如图6-87所示。

02 选取工具箱中的钢笔工具 ，在人物的腿部绘制一个封闭路径，如图6-88所示。

图6-87 素材图像

图6-88 绘制一个封闭路径

03 按【Ctrl + Enter】组合键将路径转换为选区，按【Shift + F6】组合键，弹出"羽化选区"对话框，设置"羽化半径"为1，单击"确定"按钮，效果如图6-89所示。

04 按【Ctrl + J】组合键新建"图层1"图层，并单击菜单栏中的"滤镜"|"模糊"|"表面模糊"命令，弹出"表面模糊"对话框，如图6-90所示。

图6-89 羽化选区

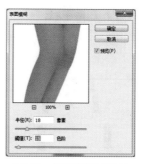

图6-90 "表面模糊"对话框

05 在"表面模糊"对话框中，设置"半径"、"阈值"分别为 5、27，单击"确定"按钮，效果如图 6-91 所示。

图6-91 模糊选区

06 新建"色阶1"调整图层，展开调整面板，设置各参数值分别为 29、1.65、199，并按【Alt + Ctrl + G】组合键，创建剪贴蒙版，完成亮白美腿的制作，效果如图 6-92 所示。

图6-92 亮白美腿效果

实用秘技

090

难度级别：★★★★★
关键技术：变换控制框

↘ 调整人物身高

实例解析：本实例通过钢笔工具 ✎ 绘制出人物腿部的轮廓，再应用变换控制框拉长人物腿部，并通过仿制图章工具 ▣ 使边缘处更融合，以达到调整人物身高的效果。

素材文件：光盘\素材\第6章\人物15.jpg
效果文件：光盘\效果\第6章\人物15.jpg
视频文件：光盘\视频\第6章\调整人物身高.mp4

---

01 在菜单栏中单击"文件"|"打开"命令，打开素材图像，如图 6-93 所示。

图6-93 素材图像

02 复制"背景"图层，得"背景 副本"图层，如图 6-94 所示。

图6-94 复制"背景"图层

03 选择工具箱中的钢笔工具 ✐，在图像编辑窗口中人物的腿部位置绘制一个闭合路径，如图6-95所示。

图6-95　绘制一个闭合路径

04 按【Ctrl + Enter】组合键，将路径转换为选区，如图6-96所示。

图6-96　将路径转换为选区

05 按【Ctrl + J】组合键，复制"背景"图层，得到"图层 1"图层，如图6-97所示。

图6-97　复制"背景"图层

06 按【Ctrl + T】组合键，调出变换控制框，适当调整图像长度，如图6-98所示。

图6-98　调整图像长度

07 按【Enter】键，确认变换操作，效果如图 6-99 所示。

图6-99　确认变换操作

08 运用仿制图章工具 🖃，适当修饰人物腿部边缘的图像，最终效果如图 6-100 所示。

图6-100　调整人物身高效果

添加丝袜效果

实用秘技 091

难度级别：★★★★★
关键技术："叠加"模式

实例解析：本实例首先使用钢笔工具 🖊 在人物的腿部创建选区，然后填充颜色，并运用"叠加"混合模式来合成图像效果。下面介绍添加丝袜效果的操作方法。

素材文件：光盘\素材\第6章\人物16.jpg
效果文件：光盘\效果\第6章\人物16.jpg
视频文件：光盘\视频\第6章\添加丝袜效果.mp4

01 在菜单栏中单击"文件"|"打开"命令，打开素材图像，如图 6-101 所示。

图6-101 素材图像

02 运用钢笔工具 🖊 沿人物的腿部绘制一条闭合路径，如图 6-102 所示。

图6-102 绘制一条闭合路径

03 按【Ctrl + Enter】组合键将路径转换为选区，按【Shift + F6】组合键，弹出"羽化选区"对话框，设置"羽化半径"为 1，单击"确定"按钮，效果如图 6-103 所示。

图6-103 羽化选区

04 新建"图层 1"图层，并设置前景色为黑色（RGB 参数全为 0），按【Alt + Delete】组合键，填充前景色并取消选区，效果如图 6-104 所示。

图6-104 填充前景色

技巧点拨

当在图层面板中创建了图层蒙版，在默认情况下，图层与图层蒙版保持链接，"图层"面板中缩略图之间出现链接图标 ⊖ 。使用移动工具 ►⊹ 移动图层时，图层蒙版跟随图层一起移动，从而保证了蒙版与图层图像的相对位置不变。

05 在"图层"面板中，设置"图层1"图层的"混合模式"为"叠加"，为丝袜图像添加图层混合模式，效果如图 6-105 所示。

06 在"图层"面板中，复制"图层1"图层得到"图层1副本"图层，加深丝袜效果，如图 6-106 所示。

图6-105 添加图层混合模式效果

图6-106 加深丝袜效果

07 更改"图层1副本"图层的"混合模式"为"正常"、"不透明度"为21%，效果如图 6-107 所示。

08 新建"色阶1"调整图层，展开"色阶"调整面板，设置各参数分别为0、0.81、255，完成丝袜效果的添加，效果如图 6-108 所示。

图6-107 设置图层混合模式与不透明度

图6-108 添加丝袜效果

实用秘技

092

↘ **更换衣服颜色**

实例解析：本实例通过"色相/饱和度"来改变图像的颜色，并通过巧妙地运用蒙版和剪贴蒙版来更换人物衣服的颜色。下面介绍更换衣服颜色的操作方法。

难度级别：★★★★★

关键技术："叠加"模式

素材文件：光盘\素材\第6章\人物16.jpg	
效果文件：光盘\效果\第6章\人物16.jpg	
视频文件：光盘\视频\第6章\更换衣服换色.mp4	

01 在菜单栏中单击"文件"|"打开"命令，打开素材图像，如图6-109所示。

图6-109 素材图像

02 选取工具箱中的魔棒工具，在工具属性栏中设置"容差"值为50，然后在白色衣服上单击鼠标左键，创建选区，如图6-110所示。

创建

图6-110 创建选区

03 按住【Shift】键的同时，多次单击鼠标左键，添加选区，把图中要换颜色的衣服部分选中，效果如图6-111所示。

添加

图6-111 添加选区

04 单击菜单栏中的"图像"|"调整"|"色相/饱和度"命令，弹出"色相/饱和度"对话框，选中"着色"复选框，如图6-112所示。

选中

图6-112 选中"着色"复选框

技巧点拨

图层的整体不透明度用于确定它遮蔽或显示其下方图层的程度, 不透明度为 1% 的图层看起来几乎是透明的, 而不透明度为 100% 的图层则显得完全不透明。

05 设置"色相"为 200、"饱和度"为 100、"明度"为 -20, 单击"确定"按钮, 效果如图 6-113 所示。

06 按【Ctrl + D】组合键, 取消选区, 如图 6-114 所示。

图6-113 设置色相、饱和度、明度效果

图6-114 取消选区

07 运用工具箱中的仿制图章工具 ⚑, 适当修饰人物衣服边缘, 效果如图 6-115 所示。

08 新建"自然饱和度 1"调整图层, 展开调整面板, 设置"自然饱和度"为 28, 完成衣服换色的操作, 效果如图 6-116 所示。

图6-115 修饰人物衣服边缘

图6-116 衣服换色效果

第7章

数码照片光影色调

学前提示

在冲洗数码照片之前,可以先将照片输入到电脑里进行查看,并对照片进行光影处理。这样不仅可以改善照片上的一些不足之处,还能制作出拍摄过程中不可能产生的特殊效果。

本章重点

◎ 调整人像照片

◎ 调整动物照片

◎ 调整风景照片

本章视频

7.1 调整人像照片

影楼风格人像照的主要特点是：朦胧、典雅以及华贵，适合于配上精美的相框挂在房间墙壁之上。本节主要介绍人像照片的处理方法。

实用秘技 093

难度级别：★★★
关键技术："色相/饱和度"调整图层

↘ 校正曝光过度的照片

实例解析：在本实例的照片中，由于曝光过度，人物的脸上出现死白的效果，通过运用Photoshop软件对图像进行特殊的处理，即可得到矫正。

素材文件：光盘\素材\第7章\人物1.jpg
效果文件：光盘\效果\第7章\人物1.jpg
视频文件：光盘\视频\第7章\校正曝光过度的照片.mp4

01 在菜单栏中单击"文件"|"打开"命令，打开素材图像，如图7-1所示。

图7-1 素材图像

02 新建"自然饱和度1"调整图层，并设置"自然饱和度"为85，效果如图7-2所示。

图7-2 设置图层自然饱和度

03 按【Ctrl + Shift + Alt + E】组合键，盖印图层，即可得到"图层1"图层，如图7-3所示。

图7-3 盖印图层

04 展开"通道"面板，按住【Ctrl】键的同时，单击"蓝"通道，载入选区，效果如图7-4所示。

图7-4 载入选区

05 展开"图层"面板,为"图层1"图层添加图层蒙版,如图7-5所示。

06 设置"图层1"图层的"混合模式"为"正片叠底",效果如图7-6所示。

图7-5 添加图层蒙版

图7-6 设置图层混合模式效果

07 新建"色相/饱和度1"调整图层,展开调整面板,设置"饱和度"为13,效果如图7-7所示。

08 新建"色阶1"调整图层,展开调整面板,设置其中各参数分别为25、1.15、255,完成照片校正操作,效果如图7-8所示。

图7-7 调整饱和度效果

图7-8 照片校正效果

▶ **专家提醒**

通常在拍摄高亮度的雪景和白色石雕等景物时,需要增加曝光补偿,使照片的亮度恢复正常。

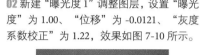

实用秘技
094

难度级别：★ ★ ★
关键技术："曝光度"调整图层

校正曝光不足的照片

实例解析：在拍摄室内照片时，由于光线较暗，或未使用闪光灯来增加曝光度，容易导致画面曝光不足。因此，可以通过Photoshop来拉开照片明暗的对比，恢复原本的颜色。

素材文件：光盘\素材\第7章\人物2.jpg

效果文件：光盘\效果\第7章\人物2.jpg

视频文件：光盘\视频\第7章\校正曝光不足的照片.mp4

01 在菜单栏中单击"文件"|"打开"命令，打开素材图像，如图7-9所示。

02 新建"曝光度1"调整图层，设置"曝光度"为1.00、"位移"为-0.0121、"灰度系数校正"为1.22，效果如图7-10所示。

图7-9　素材图像

图7-10　调整曝光度效果

03 新建"亮度/对比度1"调整图层，展开调整面板，设置"亮度"为12、"对比度"为17，效果如图7-11所示。

04 新建"色相/饱和度1"调整图层，展开调整面板，设置"饱和度"为17，最终效果如图7-12所示。

图7-11　调整亮度/对比度效果

图7-12　最终效果

实用秘技

095

难度级别：★★★
关键技术："高斯模糊"
命令

↘ 增强人像柔美色调

实例解析：本实例首先通过图层的"滤色"模式增加照片的模糊效果，然后再运用"高斯模糊"滤镜进一步加深模糊效果，即可产生一种柔美的色调。

素材文件：光盘\素材\第7章\人物3.jpg
效果文件：光盘\效果\第7章\人物3.jpg
视频文件：光盘\视频\第7章\增强人像柔美色调.mp4

01 在菜单栏中单击"文件"|"打开"命令，打开素材图像，如图7-13所示。

图7-13　素材图像

02 展开"图层"面板，复制"背景"图层，得到"背景 副本"图层，并设置该图层的"混合模式"为"滤色"，效果如图7-14所示。

图7-14　设置图层混合模式效果

03 单击菜单栏中的"滤镜"|"模糊"|"高斯模糊"命令，弹出"高斯模糊"对话框，设置"半径"为5像素，如图7-15所示。

图7-15　"高斯模糊"对话框

04 单击"确定"按钮，即可模糊图像，设置"背景 副本"图层的"不透明度"为80%，最终效果如图7-16所示。

图7-16　最终效果

实用秘技

096

难度级别：★★

关键技术："自动色调"
命令

↘ **自动校正照片色彩**

实例解析：绝大多数情况下，数码照片的颜色都会受到
天气和环境的影响。在Photoshop CS6中，用户可以使
用系统自带的智能色彩校正功能，修复画面色彩出现的
偏差。

素材文件：光盘\素材\第7章\人物4.jpg

效果文件：光盘\效果\第7章\人物4.jpg

视频文件：光盘\视频\第7章\自动校正照片色彩.mp4

01 在菜单栏中单击"文件"|"打开"命
令，打开素材图像，如图7-17所示。

02 单击菜单栏中的"图像"|"自动色调"
命令，即可校正图像色彩，效果如图7-18
所示。

图7-17　素材图像

图7-18　校正图像色彩

03 复制"背景"图层，得到"背景 副本"图层，设置"背景 副本"图层的"混合模
式"为"柔光"、"不透明度"为80%，最终效果如图7-19所示。

图7-19　最终效果

实用秘技
097

难度级别：★★
关键技术："色相/饱和度"命令

↘ 制作艳丽色调效果

实例解析：当数码相机的自动白平衡性能表现不准确时，就会引起照片色彩还原偏离真实自然色彩。因此，可以通过Photoshop来增强照片饱和度，制作艳丽的色调效果。

素材文件：光盘\素材\第7章\人物5.jpg
效果文件：光盘\效果\第7章\人物5.jpg
视频文件：光盘\视频\第7章\制作艳丽色调效果.mp4

01 在菜单栏中单击"文件"|"打开"命令，打开素材图像，如图7-20所示。

图7-20　素材图像

02 单击菜单栏中的"图像"|"调整"|"色相/饱和度"命令，弹出"色相/饱和度"对话框，设置"全图"的"饱和度"为50，如图7-21所示。

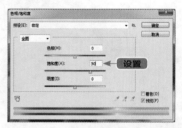

图7-21　设置饱和度参数值1

03 选择"红色"通道，设置"饱和度"为45；选择"蓝色"通道，设置"饱和度"为88，如图7-22所示。

图7-22　设置饱和度参数值2

04 单击"确定"按钮，即可调整图像色调，最终效果如图7-23所示。

图7-23　最终效果

专家提醒

在数码摄影中，数码相机要在不同的光线条件下，调整好红、绿、蓝3原色的比例，使其混合后成为白色，使摄影系统能在不同的光照条件下得到准确的色彩还原。

实用秘技
098

难度级别：★★★
关键技术："曲线"调整
图层

→ **增强图像诱人色调**

实例解析：在Photoshop CS6中，用户可以通过"曲线"调整图层和"色彩平衡"调整图层，增强人物图像的诱人色调。下面介绍增强图像诱人色调的操作方法。

素材文件：光盘\素材\第7章\人物6.jpg

效果文件：光盘\效果\第7章\人物6.jpg

视频文件：光盘\视频\第7章\增强图像诱人色调.mp4

01 在菜单栏中单击"文件"|"打开"命令，打开素材图像，如图7-24所示。

图7-24 素材图像

02 展开"图层"面板，复制"背景"图层，得到"背景 副本"图层，如图7-25所示。

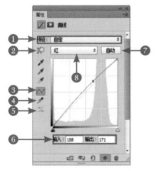

图7-25 复制"背景"图层

03 新建"曲线1"调整图层，并展开调整面板，选择"红"通道，设置"输入"为158、"输出"为171，如图7-26所示。

图7-26 设置"红"通道参数

04 在"通道"列表框中选择"绿"通道，设置"输入"为75、"输出"为101，如图7-27所示。

图7-27 设置"绿"通道参数

① "预设"下拉列表框：包含了 Photoshop 提供的各种预设调整文件，可以用于调整图像。

② "在图像上单击并拖动可以修改曲线"按钮：单击该按钮后，将光标放在图像上，曲线上会出现一个圆形图形，它代表光标处的色调在曲线上的位置，在画面中单击并拖动鼠标可以添加控制点并调整相应的色调。

③ "编辑点以修改曲线"按钮：单击该按钮后，可以绘制手绘效果的自由曲线。

④ "通过绘制来修改曲线"按钮：可以使像素向画笔区域的中心移动，使图像产生向内收缩的效果。

⑤ "平滑"按钮：使用铅笔绘制曲线后，单击该按钮，可以对曲线进行平滑处理。

⑥ "输入/输出"数值框："输入"色阶显示调整前的像素值，"输出"色阶显示了调整后的像素值。

⑦ "自动"按钮：单击该按钮，可以对图像应用"自动颜色"、"自动对比度"或"自动色调"校正。具体校正内容取决于"自动颜色校正选项"对话框中的设置。

⑧ "通道"下拉列表框：在"通道"列表框中可以选择要调整的通道，调整通道会改变图像的颜色。

05 执行操作后，即可调整图像的色彩度，效果如图 7-28 所示。

06 新建"色彩平衡 1"调整图层，展开调整面板，设置"中间调"色调的参数分别为 36、19、-18，如图 7-29 所示。

图7-28 调整图像的色彩度

图7-29 设置"中间调"色调参数

专家提醒

修整照片一般先从曲线调节开始，按【Ctrl + M】组合键可以快速弹出"曲线"对话框，用鼠标单击并拖曳右下角的滑块可以放大曲线调节区，以便用户更专业地修整图片。在使用 Photoshop 处理照片时，并不是图片的层次感越强效果越好看，部分图片适当减低层次感后图片会更个性。

07 选择"阴影"色调，设置其中各参数分别为20、-18、15，执行操作后，效果如图7-30所示。

08 新建"自然饱和度1"调整图层，展开调整面板，设置"自然饱和度"为28，最终效果如图7-31所示。

图7-30 设置"阴影"色调参数效果

图7-31 最终效果

实用秘技 099

难度级别：★★★
关键技术："镜头光晕"命令

↘ 强化照片的光源

实例解析：光线有"色温"、"反差"以及"方向感"三要素，强烈的阳光使图像的立体感十分突出。在本实例的照片中，通过加强光照效果可以让画面变得明亮。

素材文件：光盘\素材\第7章\人物7.jpg
效果文件：光盘\效果\第7章\人物7.jpg
视频文件：光盘\视频\第7章\强化照片的光源.mp4

01 在菜单栏中单击"文件"|"打开"命令，打开素材图像，如图7-32所示。

02 展开"图层"面板，复制"背景"图层，得到"背景 副本"图层，如图7-33所示。

图7-32 素材图像

图7-33 复制"背景"图层

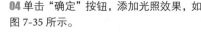

03 单击菜单栏中的"滤镜"|"渲染"|"镜头光晕"命令，弹出"镜头光晕"对话框，设置"亮度"为158%，如图7-34所示。

04 单击"确定"按钮，添加光照效果，如图7-35所示。

图7-34 "镜头光晕"对话框

图7-35 添加光照效果

05 按【Ctrl + F】组合键，再次应用"镜头光晕"滤镜，效果如图7-36所示。

06 新建"色相/饱和度1"调整图层，设置"饱和度"为20，效果如图7-37所示。

图7-36 再次应用"镜头光晕"滤镜

图7-37 调整饱和度效果

专家提醒

钢笔工具属于矢量绘图工具，其优点是可以勾画平滑的曲线，在缩放或者变形之后仍能保持平滑效果。钢笔工具画出来的矢量图形称为路径，路径是矢量的，允许是不封闭的开放形状。

07 新建"色阶1"调整图层，展开"色阶"调整面板，如图7-38所示。

08 设置其中各参数分别为25、1.09、239，最终效果如图7-39所示。

图7-38 展开"色阶"调整面板

图7-39 最终效果

7.2 调整动物照片

动物摄影大多指哺乳类、鸟类、爬虫类以及两栖类等，经常以狗、猫和鸟等供玩赏的动物为对象。使用 Photoshop CS6 对拍摄的动物照片进行处理，可以得到各种精美的效果。

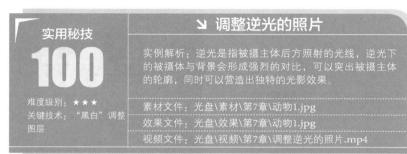

实用秘技

100

难度级别：★★★
关键技术："黑白"调整图层

➜ 调整逆光的照片

实例解析：逆光是指被摄主体后方照射的光线，逆光下的被摄体与背景会形成强烈的对比，可以突出被摄主体的轮廓，同时可以营造出独特的光影效果。

素材文件：光盘\素材\第7章\动物1.jpg
效果文件：光盘\效果\第7章\动物1.jpg
视频文件：光盘\视频\第7章\调整逆光的照片.mp4

01 在菜单栏中单击"文件"|"打开"命令，打开素材图像，如图7-40所示。

图7-40　素材图像

02 展开"图层"面板，复制"背景"图层，得到"背景 副本"图层，如图7-41所示。

图7-41　复制"背景"图层

> **专家提醒**
>
> "曝光度"调整面板中的吸管工具将调整图像的亮度值（与影响所有颜色通道的"色阶"吸管工具不同）。
> - "设置黑场"吸管工具将设置"位移"，同时将用户单击的像素改变为零。
> - "设置白场"吸管工具将设置"曝光度"，同时将用户单击的点改变为白色（对于 HDR 图像为 1.0）。
> - "设置灰场"吸管工具将设置"曝光度"，同时将用户单击的值变为中度灰色。

03 新建"曝光度 1"调整图层，展开"曝光度"调整面板，并设置各参数分别为 0.15、-0.0721、1.77，如图 7-42 所示。

04 设置前景色为黑色，运用画笔工具对图像亮度过高的位置进行涂抹，效果如图 7-43 所示。

图7-42 设置"曝光度"参数

图7-43 涂抹图像

05 新建"黑白 1"调整图层，展开"黑白"调整面板，设置其中各参数值，如图 7-44 所示。

06 设置"黑白 1"调整图层的"混合模式"为"滤色"，最终效果如图 7-45 所示。

图7-44 设置"黑白"调整面板

图7-45 最终效果

实用秘技 **101**	↳ **优化色彩模式**
难度级别：★★★ 关键技术："色彩平衡" 调整图层	实例解析：本实例素材照片中的动物颜色饱和度显得不足，而且整体色彩偏红，经过Photoshop调整后，照片的色彩显得更为饱和。 素材文件：光盘\素材\第7章\动物2.jpg 效果文件：光盘\效果\第7章\动物2.jpg 视频文件：光盘\视频\第7章\优化色彩模式.mp4

01 在菜单栏中单击"文件"|"打开"命令，打开素材图像，如图 7-46 所示。

图7-46　素材图像

02 展开"图层"面板，复制"背景"图层，得到"背景 副本"图层，如图 7-47 所示。

图7-47　复制"背景"图层

03 设置"背景 副本"图层的"混合模式"为"叠加"，效果如图 7-48 所示。

图7-48　设置图层混合模式效果

04 设置"背景 副本"图层的"不透明度"为 75%，效果如图 7-49 所示。

图7-49　调整图层不透明度效果

05 新建"色彩平衡1"调整图层,展开"色彩平衡"调整面板,如图7-50所示。

06 设置"中间调"色调的各参数值分别为 -62、28、51,得到最终效果,如图7-51所示。

图7-50 "色彩平衡"调整面板

图7-51 最终效果

实用秘技
102

难度级别：★★★
关键技术："镜头模糊"命令

↘ 使用镜头模糊滤镜

实例解析："镜头模糊"滤镜可以向图像中添加模糊以产生更窄的景深效果,以便使图像中的一些对象在焦点内,而使另一些区域变模糊。

素材文件：光盘\素材\第7章\动物3.jpg
效果文件：光盘\效果\第7章\动物3.jpg
视频文件：光盘\视频\第7章\使用镜头模糊滤镜.mp4

01 在菜单栏中单击"文件"|"打开"命令,打开素材图像,如图7-52所示,复制"背景"图层,得到"背景 副本"图层。

02 单击菜单栏中的"滤镜"|"模糊"|"镜头模糊"命令,弹出"镜头模糊"对话框,设置其中各参数,如图7-53所示。

图7-52 素材图像

图7-53 "镜头模糊"对话框

03 单击"确定"按钮,应用"镜头模糊"滤镜,效果如图 7-54 所示。

图7-54 应用"镜头模糊"滤镜

04 设置"背景 副本"图层的"混合模式"为"滤色",如图 7-55 所示。

图7-55 设置图层混合模式

05 执行操作后,即可更改图层的混合模式,效果如图 7-56 所示。

图7-56 更改混合模式效果

06 为"背景 副本"图层添加图层蒙版,运用黑色的画笔工具 ✔ 涂抹图像中的动物,最终效果如图 7-57 所示。

涂抹

图7-57 最终效果

技巧点拨

用户可以根据需要,在"镜头模糊"对话框中拖动"叶片弯度"滑块对光圈边缘进行平滑处理;或者拖动"旋转"滑块来旋转光圈。

专家提醒

可以使用简单的选区来确定哪些区域变模糊,或者可以提供单独的 Alpha 通道进行深度映射来准确描述希望如何增加模糊。

实用秘技
103

难度级别：★★★
关键技术："色调均化"
命令

↘ 使用色调均化命令

实例解析："色调均化"命令可以重新分布图像中像素的亮度值，以便它们更均匀地呈现所有范围的亮度级。下面介绍使用"色调均化"命令的操作方法。

素材文件：光盘\素材\第7章\动物4.jpg
效果文件：光盘\效果\第7章\动物4.jpg
视频文件：光盘\视频\第7章\使用色调均化命令.mp4

01 在菜单栏中单击"文件"|"打开"命令，打开素材图像，如图7-58所示。

图7-58　素材图像

02 按【Ctrl + J】组合键，复制"背景"图层，得到"图层1"图层，如图7-59所示。

图7-59　复制"背景"图层

03 单击菜单栏中的"图像"|"调整"|"色调均化"命令，调整图像色调，效果如图7-60所示。

图7-60　调整图像色调

04 设置"图层1"图层的"混合模式"为"叠加"，最终效果如图7-61所示。

图7-61　最终效果

技巧点拨

当扫描的图像显得比原稿暗，而要平衡这些值以产生较亮的图像时，可以使用"色调均化"命令。配合使用"色调均化"命令和"直方图"命令，可以看到亮度的前后比较。

实用秘技

104

难度级别：★★★
关键技术："色彩平衡"
调整图层

↘ 表现动物秋日情怀

实例解析：本实例首先运用"叠加"混合模式增加图像亮度，然后通过"色彩平衡"调整图层调整出秋日的色调。下面介绍表现动物秋日情怀的操作方法。

素材文件：	光盘\素材\第7章\动物5.jpg
效果文件：	光盘\效果\第7章\动物5.jpg
视频文件：	光盘\视频\第7章\表现动物秋日情怀.mp4

01 在菜单栏中单击"文件"|"打开"命令，打开素材图像，如图 7-62 所示。

图7-62 素材图像

02 选择"背景"图层，按【Ctrl + J】组合键，得到"图层1"图层，如图 7-63 所示。

图7-63 复制"背景"图层

03 设置"图层 1"图层的"混合模式"为"叠加"，效果如图 7-64 所示。

图7-64 设置图层混合模式效果

04 在"图层"面板中，新建"色彩平衡1"调整图层，如图 7-65 所示。

图7-65 新建"色彩平衡1"调整图层

05 展开"属性"面板，设置各参数值分别为 100、-100、-100，效果如图 7-66 所示。

图7-66 调整图像色彩

06 运用黑色的画笔工具 ✏️ 涂抹动物图像，最终效果如图 7-67 所示。

涂抹

图7-67 最终效果

实用秘技

105

难度级别：★★★
关键技术："动感模糊"命令

↘ **打造动态模糊效果**

实例解析：在拍摄动物画面时，常常会因为动物的跑动而导致拍摄的照片模糊不清。在Photoshop中，运用"动感模糊"滤镜可以打造出动态模糊效果。

素材文件：光盘\素材\第7章\动物6.jpg
效果文件：光盘\效果\第7章\动物6.jpg
视频文件：光盘\视频\第7章\打造动态模糊效果.mp4

---

01 在菜单栏中单击"文件"|"打开"命令，打开素材图像，如图 7-68 所示。

图7-68 素材图像

02 选择"背景"图层，按【Ctrl + J】组合键，得到"图层 1"图层，如图 7-69 所示。

得到

图7-69 复制"背景"图层

03 单击菜单栏中的"滤镜"|"模糊"|"动感模糊"命令，弹出"动感模糊"对话框，如图 7-70 所示。

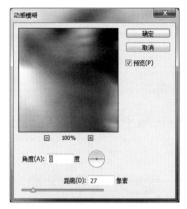

图7-70 "动感模糊"对话框

05 单击"图层"面板底部的"添加图层蒙版"按钮，为"图层 1"图层添加图层蒙版，如图 7-72 所示。

图7-72 添加图层蒙版

04 设置"角度"为 -22、"距离"为 288，单击"确定"按钮，模糊图像，效果如图 7-71 所示。

图7-71 模糊图像效果

06 设置"图层 1"图层的"不透明度"为 80%，运用黑色的画笔工具 ✐ 涂抹动物图像，最终效果如图 7-73 所示。

图7-73 最终效果

技巧点拨

动感模糊沿指定方向（−360 度至 +360 度）和指定强度（1 至 999）进行模糊，它的效果类似于以固定的曝光时间给一个移动的对象拍照。

实用秘技

106

难度级别：★★★
关键技术："纯色"调整
图层

→ 调出可爱宠物色调

实例解析：本实例首先运用"柔光"混合模式加亮图像，然后通过"纯色"调整图层填充颜色，最后运用"柔光"模式合成图像效果。

素材文件：光盘\素材\第7章\动物7.jpg

效果文件：光盘\效果\第7章\动物7.jpg

视频文件：光盘\视频\第7章\调出可爱宠物色调.mp4

01 在菜单栏中单击"文件"|"打开"命令，打开素材图像，如图7-74所示。

图7-74 素材图像

02 选择"背景"图层，按【Ctrl + J】组合键，得到"图层1"图层，如图7-75所示。

图7-75 复制"背景"图层

03 设置"图层1"图层的"混合模式"为"柔光"，效果如图7-76所示。

图7-76 设置图层混合模式效果1

04 新建"纯色1"调整图层，设置RGB参数值为250、188、0，效果如图7-77所示。

图7-77 填充颜色

05 设置"颜色填充 1"调整图层的"混合模式"为"柔光",效果如图 7-78 所示。

06 设置"颜色填充 1"调整图层的"不透明度"为 75%,最终效果如图 7-79 所示。

图7-78 设置图层混合模式效果2

图7-79 最终效果

7.3 调整风景照片

风景是一项热门的摄影题材,除了需要简洁的画面和灵活的构图外,还可以通过图像处理软件为风景添加一些特殊的效果,可以让拍摄的画面更加吸引人。

实用秘技 **107**	➔ 调整雪景的色彩
难度级别:★★★ 关键技术:"曲线"调整图层	实例解析:通常在光线充足的场景中拍摄照片时,为了获得清晰细腻的成像效果,可以使用较低的感光度进行拍摄,也可以使用 Photoshop 进行后期处理,降低感光度。
	素材文件:光盘\素材\第7章\风景1.jpg
	效果文件:光盘\效果\第7章\风景1.jpg
	视频文件:光盘\视频\第7章\调整雪景的色彩.mp4

01 在菜单栏中单击"文件"|"打开"命令,打开素材图像,如图 7-80 所示。

02 按【Ctrl + J】组合键,复制图层,得到"图层 1"图层,如图 7-81 所示。

图7-80 素材图像

图7-81 复制图层

03 新建"曲线1"调整图层，展开"曲线"调整面板，设置"通道"为"蓝"，如图7-82所示。

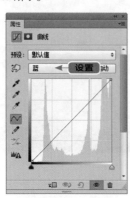

图7-82　设置"曲线"调整面板

04 设置"输出"和"输入"参数分别为117、129和188、160，即可修复照片灰暗效果，如图7-83所示。

图7-83　修复照片灰暗效果

05 新建"色彩平衡1"调整图层，展开"色彩平衡"调整面板，设置"中间调"色调各参数值分别为-51、25、71，如图7-84所示。

图7-84　设置"色彩平衡"调整面板

06 设置完成后，即可调整雪景的颜色，最终效果如图7-85所示。

图7-85　调整雪景颜色效果

专家提醒

"曲线"调整图层可以调整图像的整个色调范围内的点，包括从阴影到高光部分。

实用秘技
108

难度级别：★★★
关键技术："色彩平衡"
调整面板

↘ **打造绚丽烟花效果**

实例解析：在Photoshop CS6中，用户可以使用"色彩平衡"调整图层打造绚丽的烟花绽放效果。下面介绍打造绚丽烟花效果的操作方法。

素材文件：光盘\素材\第7章\风景2.jpg
效果文件：光盘\效果\第7章\风景2.jpg
视频文件：光盘\视频\第7章\打造绚丽烟花效果.mp4

01 在菜单栏中单击"文件"|"打开"命令，打开素材图像，如图7-86所示。

02 按【Ctrl + J】组合键，复制图层，得到"图层1"图层，如图7-87所示。

图7-86 素材图像

图7-87 复制图层

03 选择"图层1"图层，设置"图层1"图层的"混合模式"为"柔光"，效果如图7-88所示。

04 新建"色彩平衡1"调整图层，展开"色彩平衡"调整面板，设置各参数值分别为-36、27、57，最终效果如图7-89所示。

图7-88 设置图层混合模式效果

图7-89 最终效果

实用秘技

109

难度级别：★★★
关键技术："高斯模糊"
命令

↘ 打造朦胧烛光效果

实例解析：在Photoshop CS6中，使用"高斯模糊"命令可以添加照片的低频细节，并产生一种朦胧效果。下面介绍打造朦胧烛光效果的操作方法。

素材文件：光盘\素材\第7章\风景3.jpg

效果文件：光盘\效果\第7章\风景3.jpg

视频文件：光盘\视频\第7章\打造朦胧烛光效果.mp4

01 在菜单栏中单击"文件"|"打开"命令，打开素材图像，如图7-90所示。

图7-90　素材图像

03 单击菜单栏中的"滤镜"|"模糊"|"高斯模糊"命令，弹出"高斯模糊"对话框，如图7-92所示。

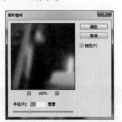

图7-92　"高斯模糊"对话框

05 选择"图层1"图层，设置"图层1"图层的"混合模式"为"滤色"，效果如图7-94所示。

图7-94　设置图层混合模式效果

02 按【Ctrl + J】组合键，复制图层，得到"图层1"图层，如图7-91所示。

图7-91　复制图层

04 设置"半径"为8.9，单击"确定"按钮，即可模糊图像，效果如图7-93所示。

图7-93　模糊图像

06 复制"图层1"图层，得到"图层1副本"图层，设置"不透明度"为79%，最终效果如图7-95所示。

图7-95　最终效果

实用秘技

110

难度级别：★★★
关键技术："叠加"模式

→ 打造黄昏天空色彩

实例解析：由于黄昏的阳光角度很低，光线比较暗淡，加上受到高山、云彩的遮挡，往往会出现艳丽的火红光线，还可以利用Photoshop打造出黄昏大空的色彩。

素材文件：光盘\素材\第7章\风景4.jpg

效果文件：光盘\效果\第7章\风景4.jpg

视频文件：光盘\视频\第7章\打造黄昏天空色彩.mp4

01 在菜单栏中单击"文件"|"打开"命令，打开素材图像，如图7-96所示。

02 按【Ctrl + J】组合键，复制图层，得到"图层 1"图层，如图 7-97 所示。

图7-96 素材图像

图7-97 复制图层

03 选择"图层 1"图层，设置"图层 1"图层的"混合模式"为"叠加"，效果如图 7-98 所示。

04 新建"色彩平衡1"调整图层，展开"色彩平衡"调整面板，设置各参数值分别为30、-28、30，最终效果如图 7-99 所示。

图7-98 设置图层混合模式效果

图7-99 最终效果

↘ **调出清新自然色调**

实例解析：清新自然的色调不会带来强烈的视觉冲击力，但可以营造出共存和谐的画面气氛，是极为协调和单纯的色彩搭配。下面介绍调出清新自然色调的操作方法。

素材文件：光盘\素材\第7章\风景5.jpg

效果文件：光盘\效果\第7章\风景5.jpg

视频文件：光盘\视频\第7章\调出清新自然色调.mp4

01 在菜单栏中单击"文件"|"打开"命令，打开素材图像，如图7-100所示。

图7-100 素材图像

02 按【Ctrl + J】组合键，复制图层，得到"图层1"图层，如图7-101所示。

图7-101 复制图层

03 选择"图层1"图层，设置"图层1"图层的"混合模式"为"滤色"，效果如图7-102所示。

图7-102 设置图层混合模式效果

04 新建"通道混合器1"调整图层，展开"通道混合器"调整面板，设置"输出通道"为"红"，如图7-103所示。

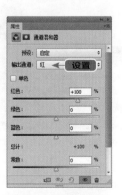

图7-103 设置输出通道

05 设置"绿色"为 10%、"蓝色"为 50%，效果如图 7-104 所示。

06 设置"输出通道"为"绿"，设置"红色"为 29%、"蓝色"为 -19%，最终效果如图 7-105 所示。

图7-104 调整"红"通道效果

图7-105 最终效果

专家提醒

在 RGB 图像的"通道混合器"调整面板中，选取某个输出通道会将该通道的源滑块设置为 100%，并将所有其他通道设置为 0%。例如，如果选取"红"作为输出通道，则会将"红色"的"源通道"滑块设置为 100%，并将"绿色"和"蓝色"的滑块设置为 0%。

实用秘技 112

难度级别：★★★★
关键技术："垂直翻转"命令

➜ 制作水中倒影特效

实例解析：在拍摄山水风景时，拍摄位置的选择至关重要，采用水平构图的方法可以拍摄出水中倒影的效果。不过，用户也可以通过Photoshop制作出水中倒影的特效。

素材文件：光盘\素材\第7章\风景6.jpg

效果文件：光盘\效果\第7章\风景6.jpg

视频文件：光盘\视频\第7章\制作水中倒影特效.mp4

01 在菜单栏中单击"文件"|"打开"命令，打开素材图像，如图 7-106 所示。

02 按【Ctrl + J】组合键，复制图层，得到"图层 1"图层，如图 7-107 所示。

图7-106 素材图像

图7-107 复制图层

03 单击菜单栏中的"编辑"|"变换"|"垂直翻转"命令，翻转图像，效果如图7-108所示。

图7-108 翻转图像

04 选取工具箱中的移动工具 ，拖曳图像至合适位置，效果如图7-109所示。

图7-109 调整图像位置

05 单击"图层"面板底部的"添加图层蒙版"按钮 ，为"图层1"图层添加蒙版，如图7-110所示。

图7-110 添加图层蒙版

06 设置前景色为黑色，运用工具箱中的画笔工具 对图像进行适当涂抹，隐藏部分图像，效果如图7-111所示。

图7-111 隐藏部分图像

07 设置"图层1"图层的"混合模式"为"正片叠底"，效果如图7-112所示。

图7-112 设置图层混合模式效果

08 设置"图层1"图层的"不透明度"为60%，效果如图7-113所示。

图7-113 设置图层不透明度效果

09 新建"自然饱和度1"调整图层,展开调整面板,设置"自然饱和度"为18,如图7-114所示。

10 执行操作后,即可调整图像的自然饱和度,最终效果如图7-115所示。

图7-114 设置自然饱和度

图7-115 最终效果

实用秘技 113

难度级别:★★★★★
关键技术:画笔工具

↘ 制作繁星闪烁效果

实例解析:在Photoshop中,用户可以通过画笔工具绘制出很多图形,使画面产生各种各样的效果。下面介绍制作繁星闪烁效果的操作方法。

素材文件:光盘\素材\第7章\风景7.jpg

效果文件:光盘\效果\第7章\风景7.jpg

视频文件:光盘\视频\第7章\制作繁星闪烁效果.mp4

01 在菜单栏中单击"文件"|"打开"命令,打开素材图像,如图7-116所示。

02 按【Ctrl + J】组合键,复制图层,得到"图层1"图层,如图7-117所示。

图7-116 素材图像

图7-117 复制图层

03 选取工具箱中的画笔工具 ✎，在其工具属性栏中展开"画笔选取器"面板，设置画笔类型，如图 7-118 所示。

04 按【F5】键，展开"画笔"面板，设置"间距"为 188%，如图 7-119 所示。

图7-118　设置画笔类型

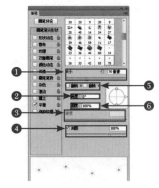

图7-119　设置间距

❶ "大小"设置区：用来设置画笔的大小，范围为 1 ~ 2500 像素。

❷ "角度"数值框：用来设置椭圆笔尖和图像样本笔尖的旋转角度，可以在文本框中输入角度值，也可以拖动箭头进行调整。

❸ "硬度"设置区：用来设置画笔硬度中心的大小，该值越小，画笔的边缘越柔和。

❹ "间距"设置区：用来控制描边中两个画笔笔迹之间的距离，该值越高，间隔距离越大。

❺ "翻转 X/ 翻转 Y"复选框：用来改变画笔笔尖在其 X 或 Y 轴上的方向。

❻ "圆度"数值框：用来设置画笔长轴和短轴之间的比率，可以在文本框中输入数值，或拖动控制点来调整。

05 选中"形状动态"复选框，设置"大小抖动"为 100%，如图 7-120 所示。、

06 选中"散布"复选框，设置"散布"为 180%，如图 7-121 所示。

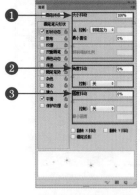

图7-120　设置大小抖动

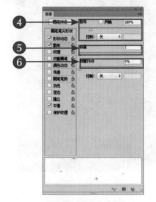

图7-121　设置散布

① "大小抖动"设置区：用来指定画笔在绘制线条的过程中标记点大小的动态变化状况。"控制"列表框中包括关、渐隐、钢笔压力、钢笔斜度、光笔轮、旋转、初始方向、方向 8 个选项。设置"大小抖动"和"控制"选项后，"最小直径"选项用来指定画笔标记点可以缩小的最小尺寸，它是以画笔直径的百分比为基础的。"倾斜缩放比例"选项用于指定当"大小抖动"设置为"钢笔斜度"时，在旋转前应用于画笔高度的比例因子。

② "角度抖动"设置区：用于指定描边中画笔笔迹角度的改变方式。要指定希望如何控制画笔笔迹的角度变化，可从"控制"列表框中选取一个选项。

- 关：指定不控制画笔笔迹的角度变化。

- 渐隐：按指定数量的步长在 0 和 360 度之间渐隐画笔迹角度。

- 钢笔压力、钢笔斜度、光笔轮、旋转：依据钢笔压力、钢笔斜度、钢笔拇指轮位置或钢笔的旋转在 0 到 360 度之间改变画笔笔迹的角度。

- 初始方向：使画笔笔迹的角度基于画笔描边的初始方向。

- 方向：使画笔笔迹的角度基于画笔描边的方向。

③ "圆度抖动"设置区：指定画笔笔迹的圆度在描边中的改变方式。"最小圆度"选项用于指定当"圆度抖动"或"圆度控制"启用时画笔笔迹的最小圆度，可输入一个指明画笔长短轴之间的比率的百分比。

④ "散布"设置区：指定画笔笔迹在描边中的分布方式。当选中"两轴"复选框时，画笔笔迹按径向分布。当取消选中"两轴"复选框时，画笔笔迹垂直于描边路径分布。

⑤ "数量"设置区：指定在每个间距间隔应用的画笔笔迹数量。

⑥ "数量抖动"设置区：指定画笔笔迹的数量如何针对各种间距间隔而变化，也可以指定在每个间距间隔处涂抹的画笔笔迹的最大百分比。

07 在"图层"面板中，新建"图层 2"图层，设置前景色为白色，在图像编辑窗口中绘制图像，效果如图 7-122 所示。

08 新建"自然饱和度 1"调整图层，展开调整面板，设置"自然饱和度"为 100，最终效果如图 7-123 所示。

图7-122 绘制图像

图7-123 最终效果

专家提醒

如果在不增大间距值或散布值的情况下增加数量，绘画性能可能会降低。

第8章

数码照片抠图技巧

学前提示

在 Photoshop 的应用中，使用抠图技巧来处理数码照片是经常用到的操作，完美、独特以及个性夸张的创意作品通常会给人一种强烈的视觉冲击感，更加容易吸引观众的眼球。

本章重点

◎ 照片抠图基本操作

◎ 照片抠图精修操作

本章视频

8.1 照片抠图基本操作

使用 Photoshop 抠取图像是最基础的操作，了解了这些操作方法，将有利于在工作中更好地发挥创作水平，有效地创作出高水平、高质量的平面作品。

实用秘技 114	↵ 运用矩形选框工具抠图
难度级别：★★★ 关键技术：矩形选框工具	实例解析：：矩形选框工具可以建立矩形选区，以进行矩形选区的抠图。下面介绍运用矩形选框抠图的操作方法。
	素材文件：光盘\素材\第8章\小猫.psd
	效果文件：光盘\效果\第8章\小猫.psd
	视频文件：光盘\视频\第8章\运用矩形选框工具抠图.mp4

01 在菜单栏中单击"文件"|"打开"命令，打开素材图像，如图 8-1 所示。

图8-1　素材图像

02 选取工具箱中的矩形选框工具 ，在图像编辑窗口中的适当位置按下鼠标左键并拖动，创建一个矩形选区，如图 8-2 所示。

图8-2　创建矩形选区

03 按【Shift + F6】组合键，弹出"羽化选区"对话框，设置"羽化半径"为 10 像素，单击"确定"按钮，效果如图 8-3 所示。

图8-3　羽化选区

04 按【Ctrl + J】组合键，复制选区内图像，得到"图层 2"图层，并隐藏"图层1"图层，最终效果如图 8-4 所示。

图8-4　最终效果

实用秘技
115

难度级别：★★★★
关键技术：自由钢笔工具

↘ 运用自由钢笔工具抠图

实例解析：自由钢笔工具的功能很强大，而且也是最常用的抠图工具，可以绘制出任意形状的路径。

素材文件：光盘\素材\第8章\花朵.jpg
效果文件：光盘\效果\第8章\花朵.psd
视频文件：光盘\视频\第8章\运用自由钢笔工具抠图.mp4

01 在菜单栏中单击"文件"|"打开"命令，打开素材图像，如图 8-5 所示，选取工具箱中的自由钢笔工具 。

图8-5　素材图像

02 在工具属性栏中选中"磁性的"复选框，然后在盒子左侧适当位置单击并拖动鼠标绘制第一个锚点，如图 8-6 所示。

图8-6　绘制第一个锚点

03 继续拖曳鼠标确定其他锚点，至起始位置，单击鼠标左键即可封闭路径，如图 8-7 所示。

图8-7　绘制封闭路径

04 单击菜单栏中的"窗口"|"路径"命令，展开"路径"面板，单击底部的"将路径作为选区载入"按钮，如图 8-8 所示。

图8-8　展开"路径"面板

❶ 工作路径：显示了当前文件中包含的路径、临时路径和矢量蒙版。

❷ "用前景色填充路径"按钮：单击此按钮可以用前景色填充路径，如果当前所选路径属于某个形状图层，则此按钮呈灰色不可用状态。

❸ "用画笔描边路径"按钮：单击此按钮可以按当前选择的绘画工具和前景色，沿路径进行描边操作。

❹ "将路径作为选区载入"按钮：单击此按钮可以将创建的路径作为选区载入。

❺ "从选区生成工作路径"按钮：单击此按钮可以将当前创建的选区生成为工作路径。

❻ "增加蒙版"按钮：单击此按钮可以为路径添加蒙版图层。

❼ "创建新路径"按钮：单击此按钮可以创建一个新路径层。

❽ "删除当前路径"按钮：单击此按钮可以删除当前选择的工作路径。

05 执行上述操作后，即可将路径转换为选区，如图 8-9 所示。

图8-9　将路径转换为选区

06 按【Ctrl + J】组合键，复制选区内图像，得到"图层 1"图层，如图 8-10 所示。

图8-10　复制选区内图像

07 单击"背景"图层前的"指示图层可见性"图标，隐藏"背景"图层，如图 8-11 所示。

图8-11　隐藏"背景"图层

08 执行操作后，即可隐藏"背景"图层，最终效果如图 8-12 所示。

图8-12　最终效果

专家提醒

　　路径是 Photoshop CS6 中的各项强大功能之一，它是基于"贝塞尔"曲线建立的矢量图形，所有使用矢量绘图软件或矢量绘图制作的线条，原则上都可以称为路径。

实用秘技

116

难度级别：★★★
关键技术：魔棒工具

↘ 运用魔棒工具抠图

实例解析：魔棒工具是建立选区的工具之一，其作用是在一定的容差值范围内（默认值为32），将颜色相同的区域同时选中，建立选区以达到抠取图像的目的。

素材文件：光盘\素材\第8章\足球.jpg
效果文件：光盘\效果\第8章\足球.psd
视频文件：光盘\视频\第8章\运用魔棒工具抠图.mp4

01 在菜单栏中单击"文件"|"打开"命令，打开素材图像，如图 8-13 所示。

图8-13 素材图像

02 选取工具箱中的魔棒工具 ，在工具属性栏中设置"容差"为10，在白色区域上单击鼠标左键，即可创建选区，如图8-14 所示。

图8-14 创建选区

03 单击菜单栏中的"选择"|"反向"命令，反选选区，如图 8-15 所示。

反选

图8-15 反选选区

04 按【Ctrl + J】组合键，得到"图层1"图层，并隐藏"背景"图层，最终效果如图 8-16 所示。

图8-16 最终效果

运用磁性套索工具抠图

实例解析：磁性套索工具适合于选择背景较复杂、选择区域与背景有较高对比度的图像。

素材文件：光盘\素材\第8章\兔子.jpg
效果文件：光盘\效果\第8章\兔子.psd
视频文件：光盘\视频\第8章\运用磁性套索工具抠图.mp4

01 在菜单栏中单击"文件"|"打开"命令，打开素材图像，如图 8-17 所示。

图8-17　素材图像

02 选取工具箱中的磁性套索工具，沿着兔子的边缘拖曳鼠标，如图 8-18 所示。

拖曳

图8-18　拖曳鼠标

03 至起始点处，单击鼠标左键，即可建立选区，如图 8-19 所示。

创建

图8-19　建立选区

04 按【Ctrl + J】组合键拷贝一个新图层，并隐藏"背景"图层，最终效果如图 8-20 所示。

图8-20　最终效果

专家提醒

在 Photoshop 中，利用磁性套索工具可以在图像编辑窗口中创建任意形状的选区，通常用来创建不太精确的不规则图像选区。使用磁性套索工具时，边界会对齐图像中定义区域的边缘。磁性套索工具不可用于 32 位／通道的图像。在边缘精确定义的图像上，用户可以试用更大的宽度和更高的边对比度，然后大致地跟踪边缘。在边缘较柔和的图像上，可尝试使用较小的宽度和较低的边对比度，然后更精确地跟踪边框。如果图像边框没有与所需的边缘对齐，则可以单击一次以手动添加一个紧固点。

实用秘技 **118**	↘ 运用图层样式抠图
难度级别：★★★★★ 关键技术："混合选项" 图层样式	实例解析：在Photoshop CS6中，图层样式是应用于一个图层或图层组的一种或多种效果，也可以利用它来创建选区。下面介绍运用图层样式抠图的操作方法。 素材文件：光盘\素材\第8章\手链.jpg 效果文件：光盘\效果\第8章\手链.psd 视频文件：光盘\视频\第8章\运用图层样式抠图.mp4

01 在菜单栏中单击"文件"|"打开"命令，打开素材图像，如图 8-21 所示。

图8-21 素材图像

02 复制"背景"图层，得到"背景 副本"图层，并隐藏"背景"图层，如图 8-22 所示。

图8-22 隐藏"背景"图层

03 单击菜单栏中的"图层"|"图层样式"|"混合选项"命令，弹出"图层样式"对话框，设置"挖空"为"深"，如图 8-23 所示。

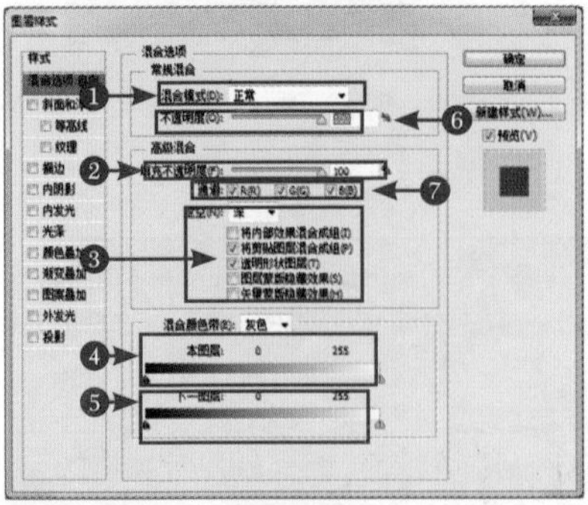

图8-23 "图层样式"对话框

04 拖曳"本图层"设置区中的右侧白色滑块至最左侧位置，此时图像会被隐藏，效果如图 8-24 所示。

图8-24 隐藏图像

❶ "混合模式"下拉列表框：用于确定图层样式与下层图层（可以包括也可以不包括现用图层）的混合方式。例如，内阴影与现用图层混合，因为此效果绘制在该图层的上部，而投影只与现用图层下的图层混合。在大多数情况下，每种效果的默认模式都会产生最佳结果。

❷ "填充不透明度"设置区：调整"填充不透明度"选项只会影响图层本身的内容，不会影响图层的样式。因此调节这个选项可以将层调整为透明的，同时保留图层样式的效果。

❸ "挖空"下拉列表框：用来设置当前层在下面的层上打孔并显示下面层内容的方式。如果没有背景层，当前层就会在透明层上打孔。要想看到挖空效果，必须将当前层的填充不透明度（而不是普通层不透明度）设置为 0 或者一个小于 100% 的设置来使其效果显示出来。

❹ "本图层"设置区：其中有两个滑块，比左侧滑块更暗或者比右侧滑块更亮的像素将不会显示出来。

❺ "下一图层"设置区：其中有两个滑块，但是作用和"本图层"设置区中的恰恰相反，图片上在左边滑块左侧的部分将不会被混合，相应地，亮度高于右侧滑块设定值的部分也不会被混合。

❻ "不透明度"设置区：用于设置图层效果的不透明度，输入值或拖动滑块即可调节。

❼ "通道"选项区：该选项区中有 3 个复选框，取消选中某个通道的复选框后，就相当于把对应通道填充成白色。

05 拖曳"本图层"设置区中的左侧黑色滑块至右侧位置，参数值为 180，如图 8-25 所示。

06 单击"确定"按钮，手链图像呈透明显示，效果如图 8-26 所示。

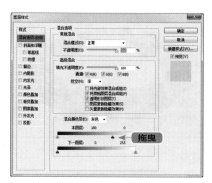

图8-25 拖曳"本图层"设置区滑块

图8-26 图像呈透明显示

07 运用魔棒工具 ，在图像中的白色区域中创建选区，效果如图 8-27 所示。

图8-27　创建选区

08 按【Ctrl + Shift + I】组合键，反选选区，如图 8-28 所示。

图8-28　反选选区

09 选择"背景"图层，显示该图层，并按【Ctrl + J】组合键，复制图像，得到"图层 1"图层，如图 8-29 所示。

图8-29　复制图像

10 隐藏"背景"图层和"背景 副本"图层，最终效果如图 8-30 所示。

图8-30　最终效果

实用秘技

119

难度级别：★★★
关键技术：魔术橡皮擦工具

↘ 运用魔术橡皮擦工具抠图

实例解析：使用魔术橡皮擦工具的单一擦除功能可以擦除相邻区域的相同像素或相似像素的图像，可用于背景较简单的抠图。

素材文件：光盘\素材\第8章\手机.jpg
效果文件：光盘\效果\第8章\手机.psd
视频文件：光盘\视频\第8章\运用魔术橡皮擦工具抠图.mp4

01 在菜单栏中单击"文件"|"打开"命令，打开素材图像，如图 8-31 所示。

图8-31 素材图像

02 选取工具箱中的魔术橡皮擦工具 ，如图 8-32 所示。

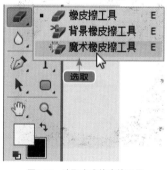

图8-32 选取魔术橡皮擦工具

03 在白色背景区域单击鼠标左键，即可擦除背景，如图 8-33 所示。

图8-33 擦除背景

04 继续在其他背景区域单击鼠标左键，擦除背景，最终效果如图 8-34 所示。

图8-34 最终效果

实用秘技

120

难度级别：★★★
关键技术：快速选择工具

↘ 运用快速选择工具抠图

实例解析：快速选择工具可以通过调整画笔的笔触、硬度和间距等参数，从而快速通过单击或拖动创建选区。下面介绍运用快速选择工具抠图的操作方法。

素材文件：光盘\素材\第8章\抱枕.jpg
效果文件：光盘\效果\第8章\抱枕.psd
视频文件：光盘\视频\第8章\运用快速选择工具抠图.mp4

01 在菜单栏中单击"文件"|"打开"命令，打开素材图像，如图 8-35 所示。

图8-35 素材图像

02 选取工具箱中的快速选择工具 ，在工具属性栏中设置画笔"大小"为 20 像素，在图像上拖曳鼠标，如图 8-36 所示。

图8-36 拖曳鼠标

专家提醒

在拖动过程中，如果有多选或少选的现象，可以单击工具属性栏中的【添加到选区】或【从选区减去】按钮，在相应区域适当拖动，以进行适当调整。

03 继续在抱枕上拖动鼠标，直至选择全部的抱枕图像，如图 8-37 所示。

图8-37 选择全部抱枕图像

04 按【Ctrl + J】组合键拷贝一个新图层，并隐藏"背景"图层，最终效果如图 8-38 所示。

图8-38 最终效果

8.2 照片抠图精修操作

通过对简易抠图的了解和运用,读者对于抠图的方法和技巧应该有了一定的了解,本节主要运用通道、蒙版、路径以及命令等来实现一些复杂的抠图操作。

实用秘技 **121**	↘ 运用通道功能抠图
难度级别:★★★ 关键技术:快速选择工具	实例解析:通道的功能很强大,在制作特殊的图像特效时都离不开通道协助。一般的图片都是由RGB三元素构成的,因此,可以利用通道进行快速抠图。
	素材文件:光盘\素材\第8章\包包.jpg
	效果文件:光盘\效果\第8章\包包.psd
	视频文件:光盘\视频\第8章\运用通道功能抠图.mp4

01 在菜单栏中单击"文件"|"打开"命令,打开素材图像,如图8-39所示。

图8-39 素材图像

02 展开【通道】面板,拖动"蓝"通道至面板底部的"创建新通道"按钮上,复制通道,如图8-40所示。

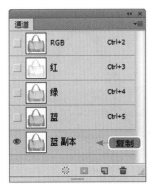

图8-40 复制通道

专家提醒

在进行抠图时,有些图像与背景过于相近,抠图不是那么方便,此时可以利用"通道"面板,结合其他命令对图像进行适当调整。

03 执行操作后，即可使图像变为黑白画面，效果如图 8-41 所示。

图8-41　黑白画面效果

04 选取工具箱中的快速选择工具 ，在图像上拖动鼠标创建选区，效果如图 8-42 所示。

创建

图8-42　创建选区

05 在"通道"面板中单击 RGB 通道，退出通道模式，返回到 RGB 模式，效果如图 8-43 所示。

图8-43　RGB模式

06 按【Ctrl + J】组合键拷贝一个新图层，并隐藏"背景"图层，最终效果如图 8-44 所示。

图8-44　最终效果

专家提醒

　　用户可以使用与图层关联的混合效果，将图像内部和图像之间的通道组合成新图像，如使用"应用图像"命令（在单个和复合通道中）或"计算"命令（在单个通道中），这些命令提供了"图层"面板中没有的两个附加混合模式："添加"和"减去"。尽管可以通过将通道拷贝到"图层"面板中的图层中的方法创建通道的新组合，但采用"计算"命令来混合通道信息会更迅速。

<table>
<tr><td rowspan="4">实用秘技
122

难度级别：★★★
关键技术：图层蒙版</td><td colspan="2">↘ **运用图层蒙版抠图**</td></tr>
<tr><td colspan="2">实例解析：蒙版存储在Alpha通道中，在蒙版上用黑色绘制的区域将会受到保护，而蒙版上用白色绘制的区域是可编辑区域。下面介绍运用图层蒙版抠图的操作方法。</td></tr>
<tr><td>素材文件：光盘\素材\第8章\人物1.psd</td></tr>
</table>

素材文件：光盘\素材\第8章\人物1.psd
效果文件：光盘\效果\第8章\人物1.psd
视频文件：光盘\视频\第8章\运用图层蒙版抠图.mp4

01 在菜单栏中单击"文件"|"打开"命令，打开素材图像，如图 8-45 所示。

图8-45 素材图像

02 单击"图层"面板底部的"添加图层蒙版"按钮 ◻，为"图层1"图层添加图层蒙版，如图 8-46 所示。

图8-46 添加图层蒙版

03 运用黑色的画笔工具 ✎ 涂抹图像，隐藏部分图像，最终效果如图 8-47 所示。

图8-47 最终效果

↳ **运用矢量功能抠图**

实用秘技

123

实例解析：矢量蒙版是由钢笔和自定形状等矢量工具创建的蒙版。矢量蒙版主要借助路径来创建，利用路径选择图像后，通过矢量蒙版可以快速进行图像的抠取。

难度级别：★★★
关键技术：矢量蒙版

素材文件：光盘\素材\第8章\静物.jpg

效果文件：光盘\效果\第8章\静物.psd

视频文件：光盘\视频\第8章\运用矢量功能抠图.mp4

01 在菜单栏中单击"文件"|"打开"命令，打开素材图像，如图 8-48 所示。

02 展开"路径"面板中，选择"工作路径"路径，显示该路径，如图 8-49 所示。

图8-48　素材图像

图8-49　显示工作路径

03 展开"图层"面板，按【Ctrl + J】组合键拷贝一个新图层，单击菜单栏中的"图层"|"矢量蒙版"|"当前路径"命令，创建矢量蒙版，如图 8-50 所示。

04 单击"背景"图层前的"指示图层可见性"图标，将"背景"图层关闭，并隐藏工作路径，最终效果如图 8-51 所示。

图8-50　创建矢量蒙版

图8-51　最终效果

实用秘技

124

难度级别：★★★
关键技术：快速蒙版

↘ **运用快速蒙版抠图**

实例解析：一般使用"快速蒙版"模式都是从选区开始的，然后从中添加或者减去选区，以建立蒙版。使用快速蒙版可以通过绘图工具进行调整，以便创建出复杂的选区进行抠图。

素材文件：光盘\素材\第8章\娃娃.jpg
效果文件：光盘\效果\第8章\娃娃.psd
视频文件：光盘\视频\第8章\运用快速蒙版抠图.mp4

01 在菜单栏中单击"文件"|"打开"命令，打开素材图像，如图 8-52 所示。

图8-52 素材图像

02 在左侧工具箱底部，单击"以快速蒙版模式编辑"按钮，启用快速蒙版，如图 8-53 所示。

图8-53 启用快速蒙版

03 选取工具箱中的画笔工具 ，设置前景色为黑色，在图像中拖曳鼠标进行适当涂抹，如图 8-54 所示。

图8-54 涂抹图像

04 涂抹完成后在左侧工具箱底部，单击"以标准模式编辑"按钮，退出快速蒙版模式，如图 8-55 所示。

图8-55 退出快速蒙版模式

05 单击菜单栏中的"选择"|"反向"命令，反选选区，如图 8-56 所示。

图8-56 反选选区

06 按【Ctrl + J】组合键拷贝一个新图层，并隐藏"背景"图层，最终效果如图 8-57 所示。

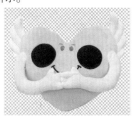

图8-57 最终效果

实用秘技
125

难度级别：★ ★ ★ ★
关键技术："创建剪贴蒙版"命令

↘ **运用剪贴蒙版抠图**

实例解析：剪贴蒙版可以将一个图层中的图像剪贴至另一个图像的轮廓中，从而不会影响图像的源数据。创建剪贴蒙版后，还可以拖动被剪贴的图像调整其位置。

素材文件：光盘\素材\第8章\电视机.jpg、人物2.jpg
效果文件：光盘\效果\第8章\电视机.jpg
视频文件：光盘\视频\第8章\运用剪贴蒙版抠图.mp4

01 在菜单栏中单击"文件"|"打开"命令，打开素材图像，如图8-58所示。

图8-58　素材图像

02 运用矩形选框工具 ，在电视机的屏幕上拖曳鼠标，创建一个矩形选区，如图8-59所示。

图8-59　创建矩形选区

03 按【Ctrl + J】组合键，拷贝选区内图像，得到"图层1"图层，如图8-60所示。

图8-60　拷贝选区内图像

04 按【Ctrl + O】组合键，打开一幅素材图像，按【Ctrl + A】组合键，全选图像，按【Ctrl + C】组合键，复制图像，如图8-61所示。

图8-61　复制图像

05 切换至电视机素材图像中，按【Ctrl + V】组合键，粘贴图像，并按【Ctrl + T】组合键，适当调整图像大小和位置，如图 8-62 所示。

06 单击菜单栏中的"图层"|"创建剪贴蒙版"命令，如图 8-63 所示。

图8-62 调整图像大小和位置

图8-63 单击"创建剪贴蒙版"命令

07 执行上述操作后，即可创建剪贴蒙版，最终效果如图 8-64 所示。

图8-64 最终效果

实用秘技 **126**	↘ **运用圆角路径抠图**
	实例解析：在Photoshop CS6中，圆角矩形工具可以绘制圆角矩形。选取工具箱中的圆角矩形工具，在其工具属性栏的"半径"数值框中可设置圆角矩形的半径。
难度级别：★★★ 关键技术：圆角矩形工具	素材文件：光盘\素材\第8章\网页.psd
	效果文件：光盘\效果\第8章\网页.psd
	视频文件：光盘\视频\第8章\运用圆角路径抠图.mp4

01 在菜单栏中单击"文件"|"打开"命令，打开素材图像，如图 8-65 所示。

02 选择"图层 1"图层，选取工具箱中的圆角矩形工具 ⬜，在相应位置绘制一个圆角矩形路径，如图 8-66 所示。

图8-65　素材图像

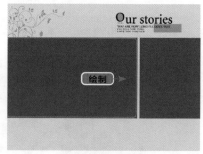

图8-66　绘制圆角矩形路径

03 按【Ctrl + Enter】组合键，将路径转换为选区，按【Delete】键删除选区内的图像，并取消选区，最终效果如图 8-67 所示。

图8-67　最终效果

实用秘技

127

难度级别：★ ★ ★
关键技术："线性加深"
模式

↘ 运用混合模式抠图

实例解析：图层混合模式就是Photoshop CS6提供的使两个或多个图层之间相互融合的手段，使用不同的手段得到的混合效果也各不相同。

素材文件：光盘\素材\第8章\人物3.jpg、花纹.jpg	
效果文件：光盘\效果\第8章\人物3.jpg	
视频文件：光盘\视频\第8章\运用混合模式抠图.mp4	

01 在菜单栏中单击"文件"|"打开"命令，打开两幅素材图像，如图 8-68 所示。

图8-68　素材图像

02 在花纹素材图像中，按【Ctrl + A】组合键，全选图像，使用工具箱中的移动工具 ▶➕ 将其拖动至人物素材图像中，并调整大小和位置，效果如图 8-69 所示。

图8-69　调整图像大小和位置

03 展开"图层"面板，设置"图层 1"图层的"混合模式"为"线性加深"，即可用"线性加深"图层模式抠图，最终效果如图 8-70 所示。

图8-70　最终效果

实用秘技
128

难度级别：★★★
关键技术："选取相似"
命令

↘ **运用选取相似命令抠图**

实例解析："选取相似"命令可将整个图像中位于容差
范围内的像素扩充到选区内，而不只是相邻的像素。

素材文件：光盘\素材\第8章\短裙.jpg
效果文件：光盘\效果\第8章\短裙.psd
视频文件：光盘\视频\第8章\运用选取相似命令抠图.mp4

01 在菜单栏中单击"文件"|"打开"命令，打开素材图像，如图8-71所示。

图8-71 素材图像

02 选取工具箱中的魔棒工具 ，在工具属性栏中设置"容差"为50，在图像上单击鼠标左键，创建选区，如图8-72所示。

图8-72 创建选区

03 连续多次单击菜单栏中的"选择"|"选取相似"命令，选取全部的相似颜色区域，如图8-73所示。

图8-73 选取相似颜色区域

04 按【Ctrl + J】组合键，复制选区内图像，得到"图层1"图层，并隐藏"背景"图层，最终效果如图8-74所示。

图8-74 最终效果

实用秘技	↘ 运用色彩范围命令抠图
129	实例解析："色彩范围"命令可以选择现有选区或整个图像内指定的颜色或色彩范围。
难度级别：★★★ 关键技术："色彩范围"命令	素材文件：光盘\素材\第8章\鞋子.jpg 效果文件：光盘\效果\第8章\鞋子.psd 视频文件：光盘\视频\第8章\运用色彩范围命令抠图.mp4

01 在菜单栏中单击"文件"|"打开"命令，打开素材图像，如图 8-75 所示。

02 单击菜单栏中的"选择"|"色彩范围"命令，弹出"色彩范围"对话框，如图 8-76 所示。

图8-75 素材图像

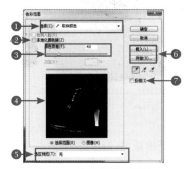

图8-76 "色彩范围"对话框

① "选择"下拉列表框：用来设置选区的创建方式。选择"取样颜色"选项时，可将光标放在文档窗口中的图像上，或在"色彩范围"对话框中的预览图像上单击，对颜色进行取样。

② "本地化颜色簇"复选框：选中该复选框后，拖动"范围"滑块可以控制要包含在蒙版中的颜色与取样的最大和最小距离。

③ "颜色容差"设置区：用来控制颜色的选择范围。该值越高，包含的颜色就越广；反之，颜色就越精细。

④ 选区预览图：选区预览图包含了两个选项，选中"选择范围"单选钮时，预览区的图像中，呈白色的代表被选择的区域；选中"图像"单选钮时，预览区会出现彩色的图像。

⑤ "选区预览"下拉列表框：设置文档中的选区预览方式。选择"无"选项表示不在窗口中显示选区；选择"灰度"选项可以按照选区在灰度通道中的外观来显示选区；选择"灰色杂边"选项可在未选择的区域上覆盖一层黑色；选择"白色杂边"选项可在未选择的区域上覆盖一层白色；选择"快速蒙版"选项可以显示选区在快速蒙

版状态下的效果，此时未选择的区域会覆盖一层红色。

❻ "载入 / 存储"按钮：单击"存储"按钮可将当前的设置保存为选区预设；单击"载入"按钮可以载入存储的选区预设文件。

❼ "反相"复选框：选中该复选框，可以反转选区色彩。

03 单击"添加到取样"按钮，然后在皮鞋图像上单击鼠标左键，如图 8-77 所示。

图8-77　单击鼠标左键

04 执行操作后，即可添加色彩选区，效果如图 8-78 所示。

图8-78　添加色彩选区

05 参照步骤 03、04 中的操作方法，继续添加其他的色彩选区，效果如图 8-79 所示。

图8-79　添加其他的色彩选区

06 单击"确定"按钮，即可选择相应区域，效果如图 8-80 所示。

图8-80　选择相应区域

专家提醒

　　若要选择青色选区内的绿色区域，可选择"色彩范围"对话框中"选择"下拉列表框中的"青色"选项并单击"确定"按钮，然后重新打开"色彩范围"对话框并选择"绿色"选项。

07 按【Ctrl + J】组合键拷贝一个新图层，如图 8-81 所示。

08 隐藏"背景"图层，即可抠取鞋子图像，最终效果如图 8-82 所示。

图8-81 拷贝新图层

图8-82 最终效果

实用秘技

130

难度级别：★★★★
关键技术："全部"命令

↘ 运用全部命令抠图

实例解析：在编辑图像的过程中，若需要对整幅图像或指定图层中的图像进行选取时，则可以通过"全部"命令对图像进行选取抠图。

素材文件：光盘\素材\第8章\人物4.jpg、平板.jpg
效果文件：光盘\效果\第8章\平板.jpg
视频文件：光盘\视频\第8章\运用全部命令抠图.mp4

01 在菜单栏中单击"文件"|"打开"命令，打开素材图像，如图 8-83 所示。

02 单击菜单栏中的"选择"|"全部"命令，全选图像，如图 8-84 所示。

图8-83 素材图像1

图8-84 全选图像

03 按【Ctrl + C】组合键复制图像，单击菜单栏中的"文件"|"打开"命令，打开另一幅素材图像，如图 8-85 所示。

图8-85　素材图像2

04 按【Ctrl + V】组合键，粘贴图像，效果如图 8-86 所示。

图8-86　粘贴图像

05 按【Ctrl + T】组合键，调出变换控制框，如图 8-87 所示。

图8-87　调出变换控制框

06 适当调整图像大小和位置，并按【Enter】键确认变换操作，最终效果如图 8-88 所示。

图8-88　最终效果

第9章

数码照片创意与合成

学前提示

照片的创意合成处理是运用 Photoshop 强大的图像处理能力，对已有的照片进行调整或者添加一些特殊效果，并通过自己的想象对图像进行颜色上的处理，让图片与处理的效果融合，最终制作出丰富多彩的个性照片。

本章重点

◎　照片创意艺术特效

◎　照片合成艺术特效

本章视频

9.1 照片创意艺术特效

"艺术"需要发挥个人的想象力，通过不同的方法，对图像的场景、意境、人物进行艺术化的修饰和处理，从而让照片中的"意"、"景"、"人"三者的关系更加融洽。

	↘ 制作美瞳效果
实用秘技 131	实例解析：本实例采用独特的蓝色眼球设计，使人物眼睛在日光下自然迷人、夜晚灯光下更显炫亮立体，突显深邃双眸。下面介绍制作美瞳效果的操作方法。
难度级别：★★★★ 关键技术："穿透"模式	素材文件：光盘\素材\第9章\人物1.jpg 眼睛.psd
	效果文件：光盘\效果\第9章\人物1.jpg
	视频文件：光盘\视频\第9章\制作美瞳效果.mp4

01 在菜单栏中单击"文件"|"打开"命令，打开素材图像，如图9-1所示。

图9-1　素材图像

02 按【Ctrl + J】组合键，复制图层，得到"图层1"图层，如图9-2所示。

图9-2　复制图层

03 打开"光盘/素材/第9章/眼睛.psd"素材文件，并将其拖曳至人物图像窗口中的眼睛位置处，如图9-3所示。

图9-3　拖入素材图像

04 设置"组1"图层组的"混合模式"为"穿透"，效果如图9-4所示。

图9-4　设置图层混合模式效果

05 复制"组 1"图层组,得到"组 1 副本"图层组,效果如图 9-5 所示。

06 设置"组 1 副本"图层组的"混合模式"为"正片叠底",最终效果如图 9-6 所示。

图9-5 加深蓝眼睛效果

图9-6 最终效果

实用秘技
132
难度级别:★★★★
关键技术:图层蒙版

↘ **制作镜像效果**

实例解析:在Photoshop CS6中,用户可以运用复制功能来拼接图片,让照片产生拼贴效果,使画面富有趣味性。下面介绍制作镜像效果的操作方法。

素材文件:光盘\素材\第9章\小狗.jpg
效果文件:光盘\效果\第9章\小狗.jpg
视频文件:光盘\视频\第9章\制作镜像效果.mp4

01 在菜单栏中单击"文件"|"打开"命令,打开素材图像,如图 9-7 所示。

02 按【Ctrl + J】组合键,复制图层,得到"图层 1"图层,如图 9-8 所示。

图9-7 素材图像

图9-8 复制图层

03 运用移动工具 ▶╋，调整图像至合适位置，效果如图9-9所示。

图9-9　调整图像位置1

04 复制"图层 1"图层，得到"图层 1 副本"图层，并水平翻转图像，效果如图9-10 所示。

图9-10　水平翻转图像

05 运用工具箱中的移动工具 ▶╋，调整图像至合适位置，效果如图 9-11 所示。

图9-11　调整图像位置2

06 为"图层 1 副本"图层添加图层蒙版，并运用黑色的画笔工具 ✐涂抹图像，效果如图 9-12 所示。

图9-12　涂抹图像

07 展开"图层"面板，同时选择"图层 1"和"图层 1 副本"图层，如图9-13 所示。

图9-13　选择相应图层

08 运用移动工具 ▶╋，调整图像至合适位置，制作完成的镜像效果如图9-14 所示。

图9-14　镜像效果

实用秘技

133

难度级别：★★★★★
关键技术：画笔工具

↘ 打造风雪效果

实例解析：在Photoshop CS6中，通过在"画笔"面板中设置画笔的各种属性，可以绘制出许多精美的特效。下面介绍打造风雪效果的操作方法。

素材文件：光盘\素材\第9章\风景1.jpg

效果文件：光盘\效果\第9章\打造风雪效果.jpg

视频文件：光盘\视频\第9章\打造风雪效果.mp4

01 在菜单栏中单击"文件"|"打开"命令，打开素材图像，如图9-15所示。

图9-15 素材图像

03 设置"前景色"为白色，新建"图层1"图层，选取工具箱中的画笔工具，如图9-17所示。

图9-17 选取画笔工具

02 复制"背景"图层，得到"背景 副本"图层，如图9-16所示。

图9-16 复制"背景"图层

04 单击菜单栏中的"窗口"|"画笔"命令，展开"画笔"面板，如图9-18所示。

图9-18 展开"画笔"面板

05 设置画笔"大小"为88像素、"间距"为175%,如图9-19所示。

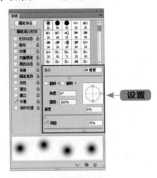

图9-19 设置画笔参数

06 选中"形状动态"复选框,设置"大小抖动"为100%,如图9-20所示。

图9-20 设置大小抖动

07 选中"散布"复选框,设置"散布"为280%,如图9-21所示。

图9-21 设置散布

08 在图像窗口中单击鼠标左键并拖曳,绘制白色圆点,效果如图9-22所示。

图9-22 绘制白色圆点

09 单击菜单栏中的"滤镜"|"模糊"|"动感模糊"命令,弹出"动感模糊"对话框,如图9-23所示。

图9-23 "动感模糊"对话框

10 设置"角度"为38、"距离"为46,单击"确定"按钮,完成风雪效果的制作,最终效果如图9-24所示。

图9-24 风雪效果

实用秘技
134
难度级别：★ ★ ★ ★
关键技术："填充"命令

↘ 制作月亮光辉

实例解析：本实例首先通过椭圆选框工具创建圆形选区，并填充选区，然后通过画笔工具制作月亮的光辉效果。下面介绍制作月亮光辉效果的操作方法。

素材文件：光盘\素材\第9章\风景2.jpg

效果文件：光盘\效果\第9章\制作月亮光辉.jpg

视频文件：光盘\视频\第9章\制作月亮光辉.mp4

01 在菜单栏中单击"文件"|"打开"命令，打开素材图像，如图 9-25 所示。

02 展开"图层"面板，新建"图层1"图层，如图 9-26 所示。

图9-25 素材图像

图9-26 新建"图层1"图层

03 选取工具箱中的椭圆选框工具 ◯，按住【Shift】键的同时，按下鼠标左键并拖曳，创建圆形选区，效果如图 9-27 所示。

04 设置前景色为白色，单击菜单栏中的"编辑"|"填充"命令，弹出"填充"对话框，设置"使用"为"前景色"，单击"确定"按钮，填充效果如图 9-28 所示。

图9-27 创建圆形选区

图9-28 填充选区

技巧点拨

画笔工具 ✍ 的笔尖形状由许多单独的画笔笔迹组成，其决定了画笔笔迹的直径和其他特性，用户可以通过编辑其相应选项来设置画笔笔尖形状。

05 选取工具箱中的画笔工具 ✎，展开"画笔选取器"面板，设置画笔"大小"为500px、"硬度"为0%，如图9-29所示。

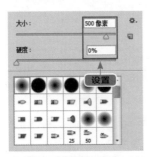

图9-29 设置画笔参数

06 展开"图层"面板，新建"图层2"图层，取消选区，并在图像编辑窗口左上角绘制图像，效果如图9-30所示。

图9-30 绘制图像

07 展开"图层"面板，单击底部的"创建新图层"按钮 🔲，新建"图层3"图层，如图9-31所示。

图9-31 新建"图层3"图层

08 选取工具箱中的渐变工具 ▦，设置渐变为白色到黑色的双色渐变，在图像编辑窗口中填充线性渐变，效果如图9-32所示。

图9-32 填充线性渐变

09 在"图层"面板中设置"图层3"图层的"混合模式"为"柔光"，效果如图9-33所示。

图9-33 设置图层混合模式效果

10 设置"图层3"图层的"不透明度"为75%，添加的月亮光辉效果如图9-34所示。

图9-34 添加月亮光辉效果

实用秘技	↘ 添加光束效果
135 难度级别：★★★★ 关键技术："创建剪贴蒙版"命令	实例解析：本实例首先通过钢笔工具绘制出光束的形状，然后填充颜色并调整形状，最后调整光束的色调，使其与黄昏的画面更加融洽。下面介绍添加光束效果的操作方法。
	素材文件：光盘\素材\第9章\风景3.jpg
	效果文件：光盘\效果\第9章\添加光束效果.jpg
	视频文件：光盘\视频\第9章\添加光束效果.mp4

01 在菜单栏中单击"文件"|"打开"命令，打开素材图像，如图9-35所示。

图9-35 素材图像

02 单击"图层"面板底部的"创建新图层"按钮 🔲，新建"图层1"图层，如图9-36所示。

图9-36 新建"图层1"图层

03 选取工具箱中的钢笔工具 🖊，在图像编辑窗口中创建路径，如图9-37所示。

图9-37 创建路径

04 按【Ctrl + Enter】组合键，将路径转换为选区，如图9-38所示。

图9-38 将路径转换为选区

技巧点拨

在剪贴蒙版中，基层只有一个，而内容层可以有多个，而且可以是调整图层、填充图层、文字图层以及形状图层等。

05 按【Shift + F6】组合键，弹出"羽化选区"对话框，设置"羽化半径"为25，单击"确定"按钮，效果如图9-39所示。

图9-39　羽化选区

07 按【Ctrl + T】组合键，调出变换控制框，适当地调整图像的大小，按【Enter】键确认变换，并取消选区，如图9-41所示。

图9-41　调整图像的大小

09 新建"色相/饱和度1"调整图层，展开调整面板，设置"色相"为-7、"饱和度"为85，效果如图9-43所示。

图9-43　调整色相/饱和度效果

06 设置前景色的RGB参数值分别为255、199、149，按【Alt + Delete】组合键，填充颜色，效果如图9-40所示。

图9-40　填充颜色

08 设置"图层1"图层的"混合模式"为"线性光"、"不透明度"为35%，效果如图9-42所示。

图9-42　设置图层混合模式、不透明度效果

10 单击菜单栏中的"图层"|"创建剪贴蒙版"命令，创建剪贴蒙版，新建"色阶1"调整图层，设置参数值分别为23、1、247，添加光束效果如图9-44所示。

图9-44　添加光束效果

实用秘技	↘ 制作彩虹效果
136	实例解析：在Photoshop CS6中，利用"渐变编辑器"对话框中预设的"透明彩虹渐变"色块进行填充，再通过"变形"命令调整图像形状，可以制作出彩虹效果。
难度级别：★★★ 关键技术："透明彩虹渐变"色块	素材文件：
	效果文件：光盘\效果\第9章\制作彩虹效果.jpg
	视频文件：光盘\视频\第9章\制作彩虹效果.mp4

01 在菜单栏中单击"文件"|"打开"命令，打开素材图像，如图9-45所示。

02 单击"图层"面板底部的"创建新图层"按钮，新建"图层1"图层，如图9-46所示。

图9-45 素材图像

图9-46 新建"图层1"图层

03 选取工具箱中的矩形选框工具，拖曳鼠标指针至合适位置，创建一个矩形选区，如图9-47所示。

04 按【Shift + F6】组合键，弹出"羽化选区"对话框，设置"羽化半径"为15像素，单击"确定"按钮，效果如图9-48所示。

图9-47 创建一个矩形选区

图9-48 羽化选区

05 选取工具箱中的渐变工具 ▣，单击工具属性栏中的"点按可编辑渐变"按钮，弹出"渐变编辑器"对话框，单击"预设"选项区中的"透明彩虹渐变"色块，如图 9-49 所示。

图9-49 "渐变编辑器"对话框

07 单击菜单栏中的"编辑"|"变换"|"变形"命令，调出变换控制框，拖曳各个控制手柄，如图 9-51 所示。

图9-51 拖曳控制手柄

09 为"图层 1"图层添加图层蒙版，运用黑色的画笔工具 ✐，在图像中涂抹，效果如图 9-53 所示。

图9-53 涂抹图像

06 单击"确定"按钮，拖曳鼠标至选区位置，由上至下填充渐变，按【Ctrl + D】组合键，取消选区，如图 9-50 所示。

图9-50 填充渐变

08 按【Enter】键确认变换操作，运用移动工具 ⊹ 适当调整彩虹图像的位置，效果如图 9-52 所示。

图9-52 调整彩虹图像的位置

10 在"图层"面板中设置"图层 1"图层的"不透明度"为 32%，制作完成的彩虹效果如图 9-54 所示。

图9-54 彩虹效果

实用秘技

137

难度级别：★★★★
关键技术："彩色半调"
命令

↓ 打造颗粒边框

实例解析：在Photoshop CS6中，"彩色半调"滤镜可以模拟在图像的每个通道上使用放大的半调网屏效果。对于每个通道，滤镜将图像划分为矩形，并用圆形替换每个矩形。

素材文件：光盘\素材\第9章\人物2.jpg

效果文件：光盘\效果\第9章\打造颗粒边框.psd

视频文件：光盘\视频\第9章\打造颗粒边框.mp4

01 在菜单栏中单击"文件"|"打开"命令，打开素材图像，如图9-55所示。

02 按【Ctrl + J】组合键，复制"背景"图层，得到"图层1"图层，如图9-56所示。

图9-55 素材图像

图9-56 复制"背景"图层

03 展开"通道"面板，单击"创建新通道"按钮，运用矩形选框工具 ，创建选区，如图9-57所示。

04 按【Shift + F6】组合键，弹出"羽化选区"对话框，设置"羽化半径"为20像素，单击"确定"按钮，即可羽化选区，效果如图9-58所示。

图9-57 创建选区

图9-58 羽化选区

05 设置前景色为白色，按【Alt + Delete】组合键，填充颜色；单击菜单栏中的"滤镜"|"像素化"|"彩色半调"命令，弹出"彩色半调"对话框，如图9-59所示。

图9-59 "彩色半调"对话框

06 设置"最大半径"为8，单击"确定"按钮；然后按住【Ctrl】键，单击Alpha1通道前的通道缩略图，载入选区，效果如图9-60所示。

图9-60 载入选区

07 单击RGB通道，展开"图层"面板，选择"图层1"图层，效果如图9-61所示。

图9-61 选择"图层1"图层

08 按【Ctrl + Shift + I】组合键，反选选区，按【Delete】键，删除部分图像，如图9-62所示。

图9-62 删除部分图像

09 双击"图层1"图层，弹出"图层样式"对话框，在左侧列表框中选中"描边"复选框，在弹出的"描边"选项页中设置"颜色"为红色、"大小"为1，如图9-63所示。

图9-63 设置"描边"选项页

10 设置完成后单击"确定"按钮；再新建"图层2"图层，设置前景色为白色，按【Alt + Delete】组合键，填充颜色，效果如图9-64所示。

图9-64 填充颜色

11 拖曳"图层2"图层至"图层1"图层下方，调整图层的顺序，效果如图9-65所示。

12 选择"图层1"图层，新建"色相/饱和度1"调整图层，设置"饱和度"为17，制作的颗粒边框效果如图9-66所示。

图9-65 调整图层顺序

图9-66 颗粒边框效果

实用秘技
138

难度级别：★★★★
关键技术："曲线"调整图层

➤ **制作花瓣飘落效果**

实例解析：为风景照添加花瓣飘落的效果，首先要调整画面色调，然后加入花瓣素材即可。下面介绍制作花瓣飘落效果的操作方法。

素材文件：光盘\素材\第9章\风景5.jpg、花瓣.psd

效果文件：光盘\效果\第9章\制作花瓣飘落效果.jpg

视频文件：光盘\视频\第9章\制作花瓣飘落效果.mp4

01 在菜单栏中单击"文件"|"打开"命令，打开素材图像，如图9-67所示。

02 新建"曲线1"调整图层，选择"红"通道，设置"输入"为171、"输出"为189，如图9-68所示。

图9-67 素材图像

图9-68 设置"红"通道参数

03 选择"绿"通道，设置"输入"为171、"输出"为185，如图9-69所示。

图9-69 设置"绿"通道参数

04 选择"蓝"通道，设置"输入"为165、"输出"为186，如图9-70所示。

图9-70 设置"蓝"通道参数

05 执行操作后，即可调整照片色调，效果如图9-71所示。

图9-71 调整照片色调

06 打开"光盘 / 素材 / 第9章 / 花瓣 .psd"素材文件，并将其拖曳至风景图像编辑窗口中，制作的花瓣飘落效果如图9-72所示。

图9-72 花瓣飘落效果

技巧点拨

　　在调整了曲线的色调范围之后，Photoshop 将继续显示该基线作为参考。要隐藏该基线，可关闭"曲线显示选项"中的"显示基线"功能。通常，在对大多数图像进行色调和色彩校正时只需进行较小的曲线调整。如果用户要识别正在修剪的图像区域（黑场或白场），可选择"曲线"对话框中的"显示修剪"功能或选择"调整"面板菜单中的"显示黑白场的修剪"功能。最多可以向曲线中添加 14 个控点，要移去控点，可将其从图形中拖出，或选中该控点后按【Delete】键。

实用秘技
139

难度级别：★★★★
关键技术：闪电笔刷

↘ 制作闪电效果

实例解析：利用闪电笔刷可以绘制出闪电效果，再通过调整画面的色调和气氛，能够为图像营造出电闪雷鸣的效果。下面介绍制作闪电效果的操作方法。

素材文件：光盘\素材\第9章\风景6.jpg

效 果 文 件：光盘\效果\第9章\制作闪电效果.jpg

视频文件：光盘\视频\第9章\制作闪电效果.mp4

01 在菜单栏中单击"文件"|"打开"命令，打开素材图像，如图 9-73 所示。

02 新建"色阶 1"调整图层，设置各参数值分别为 0、0.55、255，如图 9-74 所示。

图9-73　素材图像

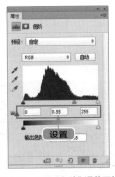

图9-74　设置"色阶"调整面板

03 执行操作后，即可调整画面色调的层次，效果如图 9-75 所示。

04 运用黑色画笔工具 ✏ 涂抹图像，恢复高光部分的色调，效果如图 9-76 所示。

图9-75　调整画面色调层次

图9-76　恢复高光部分色调

05 新建"曲线1"调整图层,选择"红"通道,设置"输入"为163、"输出"为177,如图 9-77 所示。

图9-77　设置"红"通道

06 选择"蓝"通道,设置"输入"为168、"输出"为 183,如图 9-78 所示。

图9-78　设置"蓝"通道

07 执行操作后,画面的色调变为暗黄色,效果如图 9-79 所示。

图9-79　改变画面色调

08 新建"自然饱和度1"调整图层,设置"自然饱和度"为 -61,如图 9-80 所示。

图9-80　设置自然饱和度

09 执行操作后,即可增强图像的色彩,效果如图 9-81 所示。

图9-81　增强图像色彩

10 展开"画笔"面板,选择"闪电"笔刷,并设置"大小"为 350 像素,如图 9-82 所示。

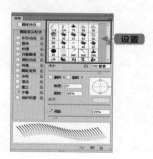

图9-82　设置画笔参数

11 新建"图层 1"图层，在图像上单击鼠标左键绘制闪电，并调整闪电图像的大小和角度，效果如图 9-83 所示。

图9-83 调整闪电图像的大小和角度

12 复制"图层 1"图层，得到"图层 1 副本"图层，并适当调整图像的大小、位置和方向，制作的闪电效果如图 9-84 所示。

图9-84 闪电效果

9.2 照片合成艺术特效

照片的合成是每个照片处理爱好者的必修课，简易照片的合成处理，是将一张照片中的部分图像进行替换或对局部图像进行修饰、增加效果等处理。

实用秘技 **140**	↘ 制作枫叶爱情
难度级别：★ ★ ★ 关键技术：魔棒工具	实例解析：在 Photoshop CS6 中，用户可以使用魔棒工具 选择颜色一致的区域，然后合成出其他图像效果。下面介绍制作枫叶爱情的操作方法。
	素材文件：光盘\素材\第9章\枫叶.jpg、人物3.jpg
	效果文件：光盘\效果\第9章\枫叶.jpg
	视频文件：光盘\视频\第9章\制作枫叶爱情.mp4

01 在菜单栏中单击"文件"|"打开"命令，打开两幅素材图像，如图 9-85 所示。

图9-85 素材图像

02 选择工具箱中的魔棒工具 ，在工具属性栏中设置"容差"为 20，并在人物图像的背景中创建一个选区，如图 9-86 所示。

图9-86 创建选区

03 在菜单栏中单击"选择"|"反向"命令，反选选区，如图 9-87 所示。

04 运用移动工具 ，将选区内的图像拖曳至枫叶图像中，合成效果如图 9-88 所示。

图9-87 反选选区

图9-88 合成图像效果

实用秘技 141

难度级别：★★★★★
关键技术："可选颜色"调整图层

↘ 制作云彩效果

实例解析：本实例将天空和蓝天白云的图像进行合成，为天空添加了蓝天白云的效果，从而让灰蒙蒙的天空立刻变得清澈亮丽，呈现出晴空万里、一望无际的视觉效果。

素材文件：光盘\素材\第9章\风景7.jpg、白云.jpg
效果文件：光盘\效果\第9章\制作云彩效果.jpg
视频文件：光盘\视频\第9章\制作云彩效果.mp4

---

01 在菜单栏中单击"文件"|"打开"命令，打开素材图像，如图 9-89 所示。

02 新建"色阶1"调整图层，设置各参数值分别为6、1.08、212，如图 9-90 所示。

图9-89 素材图像

图9-90 设置"色阶"调整面板

03 执行操作后，即可调整画面色调层次，效果如图 9-91 所示。

图9-91 调整画面色调层次

04 新建"色彩平衡 1"调整图层，设置参数值分别为 -12、22、-33，如图 9-92 所示。

图9-92 设置"色彩平衡"调整面板

05 执行操作后，即可调整画面色调，效果如图 9-93 所示。

图9-93 调整画面色调

06 运用黑色画笔工具✎涂抹天空，恢复天空色调，效果如图 9-94 所示。

图9-94 恢复天空色调

07 新建"色阶 2"调整图层，设置其中各参数值分别为 9、1.00、230，调整色阶效果如图 9-95 所示。

图9-95 调整色阶效果

08 按【Ctrl + Shift + Alt + E】组合键，盖印图层，即可得到"图层 1"图层，如图 9-96 所示。

图9-96 盖印图层

09 打开"光盘\素材\第9章\白云.jpg"素材图像，并将其拖曳至风景图像编辑窗口中，如图9-97所示。

图9-97　拖入素材图像

10 隐藏"图层2"图层，并使用魔棒工具 在"图层1"图层上创建选区，选取天空图像，如图9-98所示。

图9-98　选取天空图像

11 恢复"图层2"图层的可见性，并添加图层蒙版，运用白色画笔工具 涂抹天空图像，效果如图9-99所示。

图9-99　涂抹天空图像

12 新建"可选颜色1"调整图层，选择"绿色"颜色，设置参数值分别为30、-49、0、0，如图9-100所示。

图9-100　设置"可选颜色"调整面板

13 选择"青色"颜色，设置参数值分别为64、-33、-78、0，调整画面颜色，效果如图9-101所示。

图9-101　调整画面颜色

14 按【Ctrl + Shift + Alt + E】组合键，盖印图层，得到"图层3"图层，并设置该图层的"混合模式"为"柔光"、"不透明度"为30%，制作的云彩效果如图9-102所示。

图9-102　云彩效果

实用秘技

142

↘ 制作光影效果

实例解析：在Photoshop CS6中，"柔光"混合模式可以使图像中亮色调区域变得更亮，暗色调区域变得更暗，配合漂亮的素材即可制作出各种光影特效。

难度级别：★★★★

关键技术："柔光"模式

素材文件：光盘\素材\第9章\风景8.jpg、光影.psd

效果文件：光盘\效果\第9章\制作光影效果.jpg

视频文件：光盘\视频\第9章\制作光影效果.mp4

01 在菜单栏中单击"文件"|"打开"命令，打开素材图像，如图 9-103 所示。

图9-103 素材图像

03 执行操作后，即可调整画面色调的层次感，效果如图 9-105 所示。

图9-105 调整画面色调的层次感

02 新建"色阶 1"调整图层，设置参数值分别为 6、1.00、240，如图 9-104 所示。

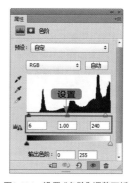

图9-104 设置"色阶"调整面板

04 按【Ctrl + Shift + Alt + E】组合键，盖印图层，得到"图层 1"图层，如图 9-106 所示。

图9-106 盖印图层

05 单击菜单栏中的"滤镜"|"扭曲"|"扩散亮光"命令，弹出"扩散亮光"对话框，设置"粒度"为3、"发光量"为3、"清除数量"为15，如图9-107所示。

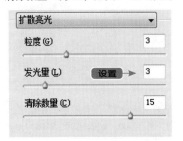

图9-107 设置"扩散亮光"参数值

07 设置"图层1"图层的"混合模式"为"柔光"，效果如图9-109所示。

图9-109 设置混合模式效果

09 按【Ctrl + Shift + Alt + E】组合键，盖印图层，得到"图层2"图层，如图9-111所示。

图9-111 盖印图层

06 设置完成后，单击"确定"按钮，扩散亮光效果如图9-108所示。

图9-108 扩散亮光效果

08 打开"光盘/素材/第9章/光影.psd"素材图像，并将其拖曳至风景图像编辑窗口中，如图9-110所示。

图9-110 拖入素材图像

10 设置"图层2"图层的"混合模式"为"柔光"、"不透明度"为50%，制作的光影效果如图9-112所示。

图9-112 光影效果

实用秘技

143

难度级别：★★★★

关键技术：魔棒工具

更换背景效果

实例解析：在Photoshop CS6中，运用魔棒工具可以根据颜色进行选取，常用于选取图像中颜色相同或者相近的区域。下面介绍更换背景效果的操作方法。

素材文件：光盘\素材\第9章\人物4.jpg、花朵.jpg

效果文件：光盘\效果\第9章\更换背景效果.jpg

视频文件：光盘\视频\第9章\更换背景效果.mp4

01 单击菜单栏中的“文件”|“打开”命令，打开素材图像，如图9-113所示。

图9-113 素材图像1

02 运用魔棒工具在素材图像背景上单击鼠标左键，创建选区，如图9-114所示。

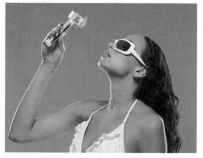

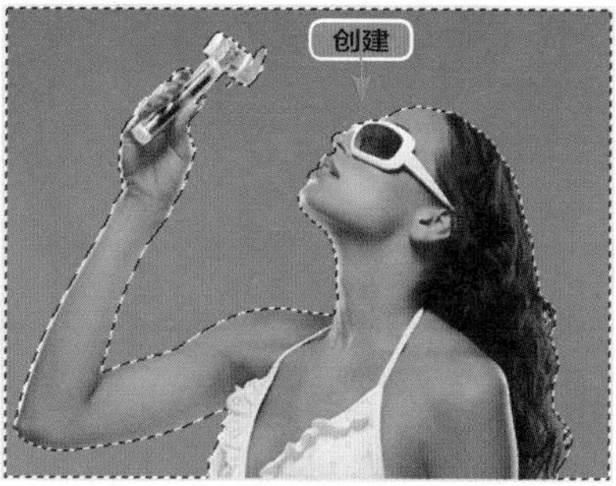

图9-114 创建选区

03 按【Ctrl + Shift + I】组合键，反选选区，如图9-115所示。

图9-115 反选选区

04 在菜单栏中单击“文件”|“打开”命令，打开“光盘\素材\第9章\花朵.jpg”素材图像，如图9-116所示。

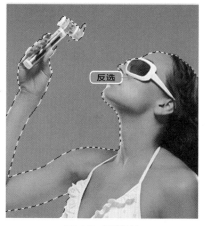

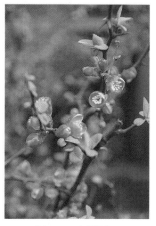

图9-116 素材图像2

05 切换至人物图像编辑窗口，运用移动工具 ▶ 将选区内的图像拖曳至花朵图像编辑窗口中，如图9-117所示。

06 新建"亮度/对比度1"调整图层，设置"亮度"为78、"对比度"为32，最终效果如图9-118所示。

图9-117 拖入选区内图像

图9-118 最终效果

实用秘技
144

难度级别：★★★
关键技术：橡皮擦工具

➜ **合成画中画效果**

实例解析：在Photoshop CS6中，橡皮擦工具的模式包括画笔模式、铅笔模式和块模式，使用不同的模式可以擦除不同的区域。下面介绍合成画中画效果的操作方法。

素材文件：光盘\素材\第9章\双手.psd、树叶.jpg

效果文件：光盘\效果\第9章\合成画中画效果.jpg

视频文件：光盘\视频\第9章\合成画中画效果.mp4

01 在菜单栏中单击"文件"|"打开"命令，打开素材图像，如图9-119所示。

02 用同样的方法，打开"光盘\素材\第9章\树叶.jpg"图像文件，将其拖曳至"双手"图像编辑窗口中，调整合适的大小和位置，效果如图9-120所示。

图9-119 素材图像

图9-120 调整图像大小和位置

03 选取工具箱中的橡皮擦工具 ✐，擦除手指部分图像，效果如图 9-121 所示。

图9-121 擦除手指部分图像

05 双击"图层 2 合并"图层，弹出"图层样式"对话框，在左侧列表框中选中"投影"复选框，如图 9-123 所示。

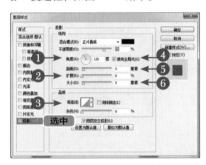

图9-123 "图层样式"对话框

04 选择除"背景"图层外的所有图层，按【Ctrl + Alt + E】组合键合并图层，得到"图层 2 合并"图层，如图 9-122 所示。

图9-122 合并图层

06 设置"不透明度"为85%、"距离"为11、"大小"为9，单击"确定"按钮，即可添加图层样式，制作完成的画中画效果如图 9-124 所示。

图9-124 画中画效果

❶ "角度"设置区：用于设置光线照亮角度，以调整投影方向。

❷ "扩展"设置区：用于设置阴影的柔和效果。

❸ "等高线"设置区：在其右侧的下拉列表中可以选择投影的轮廓。

❹ "使用全局光"复选框：选中该复选框，则表示为同一图像中的所有图层使用相同的光照角度。

❺ "距离"设置区：用于设置投影与图像的距离。

❻ "大小"设置区：用于设置光线膨胀的柔和尺寸。

实用秘技

145

难度级别：★★★
关键技术：移动工具

↘ **制作古代国画**

实例解析：本实例中充分展现了人物的表情、身体线条和肢体动作，然后运用移动工具纳入一定的背景元素进行烘托和陪衬，合成一副古代国画风格的照片。

| 素材文件：光盘\素材\第9章\人物5.jpg、边框.psd等 |
| 效果文件：光盘\效果\第9章\制作古代国画.jpg |
| 视频文件：光盘\视频\第9章\制作古代国画.mp4 |

01 在菜单栏中单击"文件"|"打开"命令，打开素材图像，如图 9-125 所示。

图9-125 素材图像

02 打开"光盘\素材\第9章\边框.psd"图像文件，将其拖曳至人物图像编辑窗口中，如图 9-126 所示。

图9-126 拖入边框图像

03 打开"光盘\素材\第9章\花纹.psd"图像文件，并将其拖曳至人物图像编辑窗口中的合适位置处，效果如图 9-127 所示。

图9-127 拖入花纹图像

04 打开"光盘\素材\第9章\文字.psd"图像文件，并将其拖曳至人物图像编辑窗口中的合适位置处，最终效果如图9-128所示。

图9-128 最终效果

实用秘技

146

难度级别：★ ★ ★
关键技术："滤色"模式

↳ **制作阳光效果**

实例解析："滤色"混合模式可以查看每个通道的颜色信息，并将混合色的互补色与基色复合，合成出较亮的颜色。下面介绍制作阳光效果的操作方法。

素材文件：光盘\素材\第9章\人物6.jpg、阳光.psd等

效果文件：光盘\效果\第9章\制作阳光效果.jpg

视频文件：光盘\视频\第9章\制作阳光效果.mp4

01 在菜单栏中单击"文件"|"打开"命令，打开素材图像，如图 9-129 所示。

图9-129 素材图像

03 设置"图层 1"图层的"混合模式"为"滤色"，效果如图 9-131 所示。

图9-131 设置图层混合模式效果

02 打开"光盘\素材\第 9 章\阳光.psd"图像文件，并将其拖曳至人物图像编辑窗口中的合适位置处，效果如图 9-130 所示。

图9-130 拖入阳光素材图像

04 打开"光盘\素材\第 9 章\莲花.psd"图像文件，并将其拖曳至人物图像编辑窗口中的合适位置处，效果如图 9-132 所示。

图9-132 拖入荷花素材图像

05 新建"色相／饱和度1"调整图层，设置"饱和度"为20，如图9-133所示。

图9-133 设置"色相/饱和度"调整面板

06 执行操作后，即可增加图像色调的层次感，最终效果如图9-134所示。

图9-134 最终效果

实用秘技 147

难度级别：★★★
关键技术：透视控制框

→ 制作走廊广告位

实例解析：隧道式构图可以产生强烈的透视感，同时营造空间变化，增加画面的纵深感。在本实例中，地下走道使得画面的透视感十分强烈。

素材文件：光盘\素材\第9章\走道.jpg、人物7.jpg等
效果文件：光盘\效果\第9章\制作走廊广告位.jpg
视频文件：光盘\视频\第9章\制作走廊广告位.mp4

01 在菜单栏中单击"文件"|"打开"命令，打开素材图像，如图9-135所示。

图9-135 素材图像

02 展开"图层"面板，复制"背景"图层，得到"图层1"图层，如图9-136所示。

图9-136 复制"背景"图层

03 打开"光盘\素材\第9章\人物7.jpg"素材文件,将其拖曳至"走道"图像编辑窗口中,如图 9-137 所示。

图9-137 拖入人物素材

05 拖曳变换控制框右侧的控制柄,调整图像的形状,效果如图 9-139 所示。

图9-139 调整图像形状

07 参照步骤 04 ~ 06 的操作方法,拖入其他人物图像,并调整图像的形状,效果如图 9-141 所示。

图9-141 拖入并调整其他素材图像

04 按【Ctrl + T】组合键,调出变化控制框,单击鼠标右键,在弹出的快捷菜单中选择"透视"选项,如图 9-138 所示。

图9-138 选择"透视"选项

06 设置控制框为"自由变换"状态,并调整图像,效果如图 9-140 所示。

图9-140 调整图像

08 新建"色相/饱和度1"调整图层,展开"色相/饱和度"调整面板,设置"饱和度"为 18,最终效果如图 9-142 所示。

图9-142 最终效果

第10章

数码照片个性应用

学前提示

随着生活水平的不断提高，数码科技产品逐渐融入到人们的日常生活中，并不断向产业化、网络化的方向发展。本章将通过生活中网络和生活方面的照片来讲解数码照片的应用，让用户进一步提高照片处理的技巧。

本章重点

◎ 制作网络照片特效

◎ 制作生活照片特效

◎ 其他照片特效应用

本章视频

10.1 制作网络照片特效

随着网络的快速发展与逐渐普及，越来越多的人喜爱将自己的照片发表到自己的网络空间、微博、博客等个性化网站中。本节主要介绍如何运用 Photoshop CS6 来制作网络中的时尚空间与 QQ 照片等。

实用秘技 **148**	↘ **制作空间个性签名**
难度级别：★★★★ 关键技术：横排文字工具	实例解析：在Photoshop CS6中，输入横排文字的方法很简单，使用工具箱中的横排文字工具，即可在图像编辑窗口中输入横排文字。下面介绍制作空间个性签名的操作方法。
	素材文件：光盘\素材\第10章\人物1.jpg
	效果文件：光盘\效果\第10章\制作空间个性签名.jpg
	视频文件：光盘\视频\第10章\制作空间个性签名.mp4

01 在菜单栏中单击"文件"|"打开"命令，打开素材图像，如图 10-1 所示。

图10-1 素材图像

03 运用矩形选框工具 [], 创建一个矩形选区，如图 10-3 所示。

图10-3 创建矩形选区

02 展开"图层"面板，新建"图层 1"图层，如图 10-2 所示。

图10-2 新建"图层1"图层

04 设置前景色 RGB 参数值分别为 218、158、142，按【Alt + Delete】组合键，填充颜色，效果如图 10-4 所示。

图10-4 填充颜色

05 在"图层"面板中,设置"图层1"图层的"不透明度"为50%,并取消选区,效果如图10-5所示。

06 展开"字符"面板,设置"字体"为"方正黄草简体"、"字体大小"为10点、"所选字符的字距调整"为200、"颜色"为白色、"垂直缩放"和"水平缩放"均为100%,并单击"仿粗体"按钮 **T**,如图10-6所示。

图10-5　图像效果

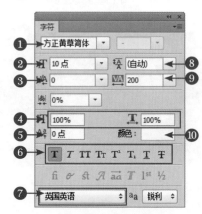

图10-6　"字符"面板

① "字体"下拉列表框:在该下拉列表框中可以选择字体。

② "字体大小"数值框:用于设置字体的大小。

③ "字距微调"数值框:用于调整两个字符之间的距离,在操作时首先要调整两个字符之间的间距,设置插入点,然后调整数值。

④ "水平缩放/垂直缩放"数值框:可以使字体沿水平或垂直方向缩放。

⑤ "基线偏移"数值框:用来控制文字与基线的距离,它可以升高或降低所选文字。

⑥ "字体样式"按钮:用来创建仿粗体、斜体等文字样式,以及为字符添加下划线或删除线。

⑦ "语言"下拉列表框:可以对所选字符进行有关连字符和拼写规则的语言设置,Photoshop使用语言词典检查连字符连接。

⑧ "行距"数值框:行距是指文本中各个字行之间的垂直间距,同一段落的行与行之间可以设置不同的行距,但文字行中的最大行距决定了该行的行距。

⑨ "字距调整"数值框:选择部分字符时,可以调整所选字符的间距。

⑩ "颜色"按钮:单击颜色按钮,可以在打开的"拾色器"对话框中设置文字的颜色。

技巧点拨

> 在文本的排列方式中,横排是最常用的一种方式。在输入文字之前,用户可以对文字进行粗略的格式设置,该操作可以在工具属性栏中完成。

07 运用横排文字工具 T，在矩形颜色块上输入相应文字，效果如图 10-7 所示。

图10-7 输入相应文字

08 个性签名制作好后，读者可以将其加载到 QQ 空间中，作为个人的独特签名，最终效果如图 10-8 所示。

图10-8 个性签名最终效果

实用秘技

149

难度级别：★★★★
关键技术：渐变工具

↘ 制作个人网络相册

实例解析：本实例以照片为主体，配以绚丽的图像和相框对其进行修饰，再将照片巧妙地排列和调整，进行个性相册的创意设计。

素材文件：光盘\素材\第10章\背景.jpg、花纹1.psd等
效果文件：光盘\效果\第10章\制作个人网络相册.jpg
视频文件：光盘\视频\第10章\制作个人网络相册.mp4

01 在菜单栏中单击"文件"|"打开"命令，打开素材图像，如图 10-9 所示。

图10-9 素材图像

02 打开"光盘\素材\第 10 章\花纹1.psd"素材图像，并将其拖曳至背景图像编辑窗口中，如图 10-10 所示。

图10-10 拖入素材图像

03 设置"图层1"图层的"不透明度"为
50%,效果如图 10-11 所示。

图10-11　设置图层不透明度效果

04 复制"图层1"图层,得到"图层1副
本"图层,如图 10-12 所示。

图10-12　复制"图层1"图层

05 按住【Ctrl】键的同时,单击"图层
1 副本"图层的缩略图,载入选区,如图
10-13 所示。

图10-13　载入选区

06 设置前景色为淡绿色(RGB 参数值为125、
175、89),按【Alt + Delete】组合键填充
颜色后取消选区,效果如图 10-14 所示。

图10-14　填充颜色后取消选区

07 按【Ctrl + T】组合键,调出变换控
制框,调整图像的大小和位置,效果如图
10-15 所示。

图10-15　调整图像的大小和位置

08 复制"图层 1 副本"图层,得到"图
层 1 副本 2"图层,并调整图像的大小和
位置,效果如图 10-16 所示。

图10-16　复制图层并调整图像

09 打开"光盘＼素材＼第 10 章＼人物 2.jpg"素材图像，将其拖曳至背景图像编辑窗口中，使用矩形选框工具 ▦ 在图像上创建一个矩形选区，如图 10-17 所示。

图10-17 创建矩形选区

11 参照步骤 09 和 10 的操作方法，打开"光盘＼素材＼第 10 章＼人物 3.jpg"素材图像，将其拖曳至背景图像编辑窗口中，添加并修饰蒙版，效果如图 10-19 所示。

图10-19 拖入并修饰素材图像

13 打开"光盘＼素材＼第 10 章＼文字 1.psd"素材图像，并将其拖曳至背景图像编辑窗口中的合适位置处，效果如图 10-21 所示。

图10-21 拖入文字素材

10 为"图层 2"图层添加图层蒙版，并运用渐变工具 ▦ 修饰蒙版，渐变图像边缘，效果如图 10-18 所示。

图10-18 渐变图像边缘效果

12 复制"图层 1"图层，得到"图层 1 副本 3"图层，并调整图像的大小、位置以及图层顺序，效果如图 10-20 所示。

图10-20 调整图像

14 新建"色相／饱和度 1"调整图层，展开"色相／饱和度"调整面板，设置"饱和度"为 36，最终效果如图 10-22 所示。

图10-22 最终效果

实用秘技

150

难度级别：★★★★
关键技术："描边"
命令

↘ **制作QQ个人形象**

实例解析：本实例通过后期处理调整画面的色彩色调，打造出甜美的人物形象，并通过添加心形图案，增添了画面甜蜜的气氛，可用来作为个性的QQ个人形象。

素材文件：光盘\素材\第10章\人物4.jpg、爱心.psd

效果文件：光盘\效果\第10章\制作QQ个人形象.jpg

视频文件：光盘\视频\第10章\制作QQ个人形象.mp4

01 在菜单栏中单击"文件"|"打开"命令，打开素材图像，如图 10-23 所示。

图10-23 素材图像

02 在"通道"面板中选择"红"通道，并按住【Ctrl】键单击"红"通道，以将其载入选区，如图 10-24 所示。

图10-24 载入选区

03 复制"红"通道，回到"图层"面板中新建"图层 1"图层，并粘贴通道，效果如图 10-25 所示。

图10-25 粘贴通道效果

04 设置"图层 1"图层的"不透明度"为70%，减淡人物面部色调，效果如图 10-26 所示。

图10-26 减淡人物面部色调

05 按【Ctrl + Shift + Alt + E】组合键，盖印图层，即可得到"图层 2"图层，如图 10-27 所示。

图10-27 盖印图层

07 单击"确定"按钮，即可为图像描边，效果如图 10-29 所示。

图10-29 描边图像

09 按【Ctrl + Shift + Alt + E】组合键，盖印图层，得到"图层 4"图层，设置该图层的"混合模式"为"柔光"、"不透明度"为 50%，效果如图 10-31 所示。

图10-31 设置图层混合模式与不透明度

06 设置前景色为淡蓝色（RGB 参数值为145、164、229），单击菜单栏中的"编辑"|"描边"命令，弹出"描边"对话框，设置"宽度"为 7 像素，如图 10-28 所示。

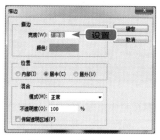

图10-28 "描边"对话框

08 新建"图层 3"图层，设置前景色为淡粉色（RGB 参数值为 251、216、213），使用画笔工具 在人物脸颊上涂抹以绘制腮红，效果如图 10-30 所示。

图10-30 绘制腮红

10 打开"光盘 \ 素材 \ 第10章 \ 爱心 .psd"素材图像，并将其拖曳至人物图像编辑窗口中的合适位置处，读者还可以将其用作自己的 QQ 个人形象，效果如图 10-32 所示。

图10-32 最终效果

<table>
<tr><td>实用秘技
151

难度级别：★★★★
关键技术：套索工具</td><td>↘ **制作Q版大头人像**

实例解析：本实例通过调整人物头像和身体的大小，制作出头大身小的效果，并添加多种元素，以营造出活泼、可爱的气氛。下面介绍制作Q版大头人像的操作方法。

素材文件：光盘\素材\第10章\人物5.jpg、花纹2.psd等
效果文件：光盘\效果\第10章\制作Q版大头人像.jpg
视频文件：光盘\视频\第10章\制作Q版大头人像.mp4</td></tr>
</table>

01 在菜单栏中单击"文件"|"打开"命令，打开素材图像，如图 10-33 所示。

02 运用套索工具 ⚲ 围绕人物头部创建一个选区，如图 10-34 所示。

图10-33 素材图像

图10-34 创建选区

03 按【Ctrl + J】组合键，拷贝选区内图像，得到"图层 1"图层，如图 10-35 所示。

04 按【Ctrl + T】组合键，调出变换控制框，调整图像大小，效果如图 10-36 所示。

图10-35 拷贝选区内图像

图10-36 调整图像大小

05 为"图层1"图层添加图层蒙版,并运用黑色的画笔工具✏涂抹,使图像边缘更自然,效果如图10-37所示。

图10-37 涂抹图像

07 设置"图层2"图层的"混合模式"为"滤色"、"不透明度"为40%,调整画面亮度,效果如图10-39所示。

图10-39 调整画面亮度

09 打开"光盘\素材\第10章\文字2.psd"素材图像,并将其拖曳至人物图像编辑窗口中的合适位置处,效果如图10-41所示。

图10-41 拖入文字素材

06 按【Ctrl + Shift + Alt + E】组合键,盖印图层,得到"图层2"图层,如图10-38所示。

图10-38 盖印图层

08 打开"光盘\素材\第10章\花纹2.psd"素材图像,并将其拖曳至人物图像编辑窗口中的合适位置处,效果如图10-40所示。

图10-40 拖入素材图像

10 新建"色彩平衡1"调整图层,设置其中各参数值分别为27、-12、-25,最终效果如图10-42所示。

图10-42 最终效果

<table>
<tr><td rowspan="2">实用秘技
152</td><td colspan="2">↘ 制作网络QQ表情</td></tr>
<tr><td colspan="2">实例解析：本实例通过将人物头像与花朵合成，展现出一种含苞待放的意境，可以加入文字作为QQ表情，发送给好友。下面介绍制作网络QQ表情的操作方法。</td></tr>
</table>

难度级别：★★
关键技术：套索工具

素材文件：光盘\素材\第10章\花.jpg、人物6.jpg
效果文件：光盘\效果\第10章\制作网络QQ表情.jpg
视频文件：光盘\视频\第10章\制作网络QQ表情.mp4

01 在菜单栏中单击"文件"|"打开"命令，打开素材图像，如图10-43所示。

图10-43 素材图像

02 打开"光盘\素材\第10章\人物6.jpg"素材图像，并将其拖曳至花图像编辑窗口中的合适位置处，效果如图10-44所示。

图10-44 拖入素材图像

03 为"图层1"图层添加图层蒙版，并运用黑色的画笔工具涂抹，隐藏部分图像，效果如图10-45所示。

图10-45 隐藏部分图像

04 读者还可以输入相应文字，然后将其用作自己的QQ表情，发送给其他网友，最终效果如图10-46所示。

图10-46 最终效果

10.2 制作生活照片特效

随着追求个性时尚的生活潮流，年轻人将生活中的各种独特元素、特征或人物进行相应的结合，制作成自己喜欢且新潮的物品，并进行展示。

实用秘技 153	↘ 制作油画相册
难度级别：★★★★★ 关键技术："干笔画"滤镜、"纹理化"滤镜	实例解析：本实例通过结合"色相\饱和度"调整图层、"干笔画"滤镜以及"纹理化"滤镜，将照片打造成布纹油画效果。下面介绍制作油画相册的操作方法。 素材文件：光盘\素材\第10章\人物7.jpg、相框.psd等 效果文件：光盘\效果\第10章\制作油画相册.jpg 视频文件：光盘\视频\第10章\制作油画相册.mp4

01 在菜单栏中单击"文件"|"打开"命令，打开素材图像，如图10-47所示。

图10-47 素材图像

02 新建"色相/饱和度1"调整图层，设置"饱和度"为20，如图10-48所示。

图10-48 设置"色相/饱和度"调整图层

03 设置完成后，即可改变画面的层次感，效果如图10-49所示。

图10-49 改变画面的层次感

04 按【Ctrl + Shift + Alt + E】组合键，盖印图层，得到"图层1"图层，如图10-50所示。

图10-50 盖印图层

05 单击菜单栏中的"滤镜"|"艺术效果"|"干笔画"命令，弹出"干笔画"对话框，设置"画笔大小"为1、"画笔细节"为10、"纹理"为2，如图10-51所示。

图10-51　设置各参数1

07 单击菜单栏中的"滤镜"|"纹理"|"纹理化"命令，弹出"纹理化"对话框，设置"纹理"为"画布"、"缩放"为116、"凸现"为8，如图10-53所示。

图10-53　设置各参数2

09 新建"亮度/对比度1"调整图层，设置"对比度"为-50，效果如图10-55所示。

图10-55　调整对比度效果

06 设置完成后，单击"确定"按钮，即可应用"干笔画"滤镜，改变图像效果，如图10-52所示。

图10-52　改变图像效果

08 设置完成后，单击"确定"按钮，即可为照片添加纹理，效果如图10-54所示。

图10-54　添加纹理效果

10 打开"光盘\素材\第10章\相框.psd"素材图像，并将其拖曳至人物图像编辑窗口中的合适位置处，效果如图10-56所示。

图10-56　最终效果

↘ **制作水墨荷花**

实例解析：制作照片的写意水墨效果，可通过调整图像的灰度调，并模拟水墨浸染的边缘质感，然后添加文字以增强写意水墨意境效果。下面介绍制作水墨荷花的操作方法。

素材文件：	光盘\素材\第10章\荷花.jpg、文字3.psd
效果文件：	光盘\效果\第10章\制作水墨荷花.jpg
视频文件：	光盘\视频\第10章\制作水墨荷花.mp4

01 在菜单栏中单击"文件"|"打开"命令，打开素材图像，如图 10-57 所示。

图10-57 素材图像

03 新建"曲线 1"调整图层，设置"输入"为 165、"输出"为 86，如图 10-59 所示。

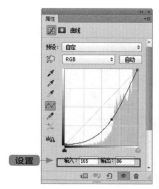

图10-59 设置"曲线"调整图层

02 运用磁性套索工具 ，沿荷花花朵图像的轮廓创建选区，如图 10-58 所示。

图10-58 创建选区

04 设置完成后，即可调暗荷花图像，效果如图 10-60 所示。

图10-60 调暗荷花图像

05 新建"黑白1"调整图层，以转换图像色调为灰度色调，效果如图 10-61 所示。

图10-61 转换图像色调为灰度色调

06 按住【Ctrl】键的同时单击"曲线1"调整图层的蒙版，将荷花载入选区，如图 10-62 所示。

图10-62 将荷花载入选区

07 新建"黑白2"调整图层，并将其放置在"黑白1"调整图层的下方，如图 10-63 所示。

图10-63 调整图层顺序

08 展开"黑白"调整面板，设置"红色"为 -40、"黄色"为 -32、"洋红"为 -53，图像效果如图 10-64 所示。

图10-64 图像效果

09 在"图层"面板顶端新建"反相1"调整图层，效果如图 10-65 所示。

图10-65 新建反相调整图层效果

10 再次载入荷花选区，并按【Ctrl + Shift + I】组合键，反选选区，如图 10-66 所示。

图10-66 反选选区

11 新建"色阶 1"调整图层，设置其中各参数值分别为 62、0.62、224，即可增强图像的对比度，效果如图 10-67 所示。

图10-67 增强图像的对比度

12 按【Ctrl + Shift + Alt + E】组合键，盖印图层，得到"图层 1"图层，如图 10-68 所示。

图10-68 盖印图层

13 单击菜单栏中的"滤镜"|"画笔描边"|"喷溅"命令，弹出"喷溅"对话框，设置"喷色半径"为 7、"平滑度"为 3，单击"确定"按钮，效果如图 10-69 所示。

图10-69 应用"喷溅"滤镜

14 单击菜单栏中的"滤镜"|"模糊"|"高斯模糊"命令，在弹出的对话框中设置"半径"为 2 像素，单击"确定"按钮，模糊边缘以使水墨效果更加逼真，效果如图 10-70 所示。

图10-70 应用"高斯模糊"滤镜

15 新建"图层 2"图层，设置前景色为深红色（RGB 参数值为 175、12、81），并运用画笔工具 ✎ 涂抹荷花部分，效果如图 10-71 所示。

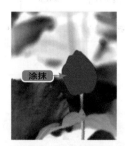

图10-71 涂抹荷花部分

16 设置"图层 2"图层的"混合模式"为"颜色"，将颜色混合到荷花图像，以调整其颜色，打开"光盘\素材\第 10 章\文字 3.psd"素材，并将其拖曳至荷花图像窗口中，最终效果如图 10-72 所示。

图10-72 最终效果

实用秘技
155

难度级别：★ ★ ★
关键技术："龟裂缝"
命令

↘ **制作拼缀背景**

实例解析：在Photoshop CS6中，通过应用"龟裂缝"和"拼缀图"滤镜为整个图像添加拼缀图质地效果，再通过为图像添加蒙版还原主体图像效果，即可制作拼缀背景。

素材文件：光盘\素材\第10章\人物8.jpg
效果文件：光盘\效果\第10章\制作拼缀背景.jpg
视频文件：光盘\视频\第10章\制作拼缀背景.mp4

01 在菜单栏中单击"文件"|"打开"命令，打开素材图像，如图 10-73 所示。

02 复制"背景"图层，得到"背景 副本"图层，如图 10-74 所示。

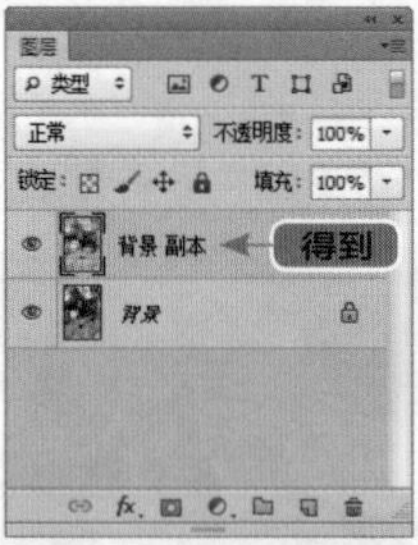

图10-73　素材图像

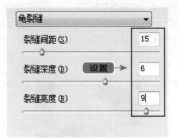

图10-74　复制"背景"图层

03 单击菜单栏中的"滤镜"|"纹理"|"龟裂缝"命令，如图 10-75 所示。

04 执行操作后，弹出"龟裂缝"对话框，设置"裂缝间距"为 15、"裂缝深度"为 6、"裂缝亮度"为 9，如图 10-76 所示。

图10-75　单击"龟裂缝"命令

图10-76　设置龟裂缝参数

◣ **技巧点拨**

　　"龟裂缝"滤镜将图像绘制在一个高凸现的石膏表面上，以循着图像等高线生成精细的网状裂缝。使用该滤镜可以对包含多种颜色值或灰度值的图像创建浮雕效果。

05 设置完成后，单击"确定"按钮，即可调出龟裂缝效果，如图 10-77 所示。

图10-77 龟裂缝效果

07 执行操作后，弹出"拼缀图"对话框，设置"方形大小"为10、"凸现"为10，如图 10-79 所示。

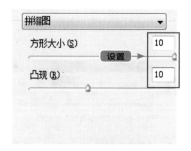

图10-79 设置拼缀图参数

09 展开"图层"面板，单击"添加图层蒙版"按钮，为"背景 副本"图层添加图层蒙版，如图 10-81 所示。

图10-81 添加图层蒙版

06 单击菜单栏中的"滤镜"|"纹理"|"拼缀图"命令，如图 10-78 所示。

图10-78 单击"拼缀图"命令

08 设置完成后，单击"确定"按钮，即可制作出拼缀图效果，如图 10-80 所示。

图10-80 拼缀图效果

10 运用黑色的画笔工具，在人物图像部分进行涂抹，以恢复该区域图像，最终效果如图 10-82 所示。

图10-82 最终效果

实用秘技

156

难度级别：★ ★ ★ ★
关键技术："定义图案"
命令

↘ **轻松排版冲印照片**

实例解析：在Photoshop CS6中，要排版用于冲印的照片，可通过自定义图案的方式快速准确地进行。下面介绍轻松排版冲印照片的操作方法。

素材文件：	光盘\素材\第10章\人物9.jpg
效果文件：	光盘\效果\第10章\轻松排版冲印照片.jpg
视频文件：	光盘\视频\第10章\轻松排版冲印照片.mp4

01 在菜单栏中单击"文件"|"打开"命令，打开素材图像，如图10-83所示。

图10-83 素材图像

02 单击菜单栏中的"编辑"|"定义图案"命令，弹出"图案名称"对话框，单击"确定"按钮即可，如图10-84所示。

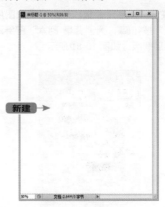

图10-84 "图案名称"对话框

03 单击菜单栏中的"文件"|"新建"命令，弹出"新建"对话框，设置"宽度"为7.2厘米、"高度"为9.2厘米、"分辨率"为300像素/英寸，如图10-85所示。

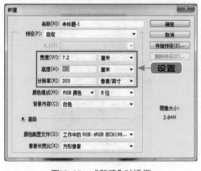

图10-85 "新建"对话框

04 单击"确定"按钮，即可新建一个图像文件，如图10-86所示。

图10-86 新建图像文件

05 单击菜单栏中的"编辑"|"填充"命令，弹出"填充"对话框，设置"使用"为"图案"，并在"自定图案"下拉列表框中选择相应的图案，如图 10-87 所示。

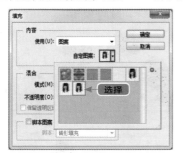

图10-87 "填充"对话框

06 单击"确定"按钮，添加该图像文件的新定义图案，即可快速排版照片，效果如图 10-88 所示。

图10-88 排版冲印照片效果

实用秘技 157

难度级别：★★★★
关键技术："可选颜色"调整图层

➤ 制作婚纱相册封面

实例解析：在Photoshop CS6中，可通过调整色调并添加花纹等元素，制作出画面丰富的婚纱相册效果。下面介绍制作婚纱相册封面的操作方法。

素材文件：光盘\素材\第10章\人物10.jpg、花纹3.psd等
效果文件：光盘\效果\第10章\制作婚纱相册封面.jpg
视频文件：光盘\视频\第10章\制作婚纱相册封面.mp4

01 在菜单栏中单击"文件"|"打开"命令，打开素材图像，如图 10-89 所示。

图10-89 素材图像

02 新建"可选颜色1"调整图层，设置其中各参数值分别为 -38、-42、-49、0，如图 10-90 所示。

图10-90 设置"可选颜色"调整面板

03 执行操作后，即可改变图像色调，效果如图 10-91 所示。

04 打开"光盘 \ 素材 \ 第 10 章 \ 花纹 3.psd"素材图像，将其拖曳至人物图像编辑窗口中，为"图层 1"图层添加图层蒙版，并运用黑色的画笔工具 ✏ 涂抹人物部分，效果如图 10-92 所示。

图10-91 改变图像色调

图10-92 涂抹人物部分

05 打开"光盘 \ 素材 \ 第 10 章 \ 文字 4.psd"素材图像，将其拖曳至人物图像编辑窗口中的合适位置处，最终效果如图 10-93 所示。

图10-93 最终效果

技巧点拨

可选颜色校正是高端扫描仪和分色程序使用的一种技术，用于在图像中的每个主要原色成分中更改印刷色的数量。用户可以有选择地修改任何主要颜色中的印刷色数量，而不会影响其他主要颜色。例如，可以使用可选颜色校正显著减少图像绿色图素中的青色，同时保留蓝色图素中的青色不变。确保在"通道"面板中选择了复合通道，只有在查看复合通道时，"可选颜色"调整才可用。

10.3 其他照片特效应用

Photoshop CS6 是一款非常时尚便捷的图像处理软件，能够将照片快速处理成各种经典色调，还可以应用一些实用的操作处理，让数码照片的处理更快捷。

实用秘技 **158** 难度级别：★★★ 关键技术：自定义形状 工具	↘ **制作小标签**
	实例解析：本实例运用自定义形状工具，选择一个较为接近售卖标签形状的图形并绘制，然后添加与背景关系容易区分的白色描边，最后加入文字素材，制作出标签效果。
	素材文件：光盘\素材\第10章\娃娃.jpg、文字5.psd
	效果文件：光盘\效果\第10章\制作小标签.jpg
	视频文件：光盘\视频\第10章\制作小标签.mp4

01 在菜单栏中单击"文件"|"打开"命令，打开素材图像，如图10-94所示。

图10-94 素材图像

02 设置前景色为红色（RGB 参数值为231、7、7），选取工具箱中的自定义形状工具，选取一个锯齿状图形并在画面中绘制形状，效果如图10-95所示。

图10-95 绘制形状

03 双击"形状 1"图层，在弹出的"图层样式"对话框中选中"描边"复选框，设置"大小"为 10 像素、"颜色"为白色（RGB 参数值均为 255），单击"确定"按钮，效果如图 10-96 所示。

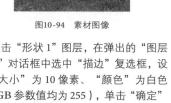

图10-96 应用"描边"样式

04 打开"光盘\素材\第 10 章\文字 5.psd"素材图像，将其拖曳至娃娃图像编辑窗口中的合适位置处，最终效果如图 10-97 所示。

图10-97 最终效果

实用秘技

159

难度级别：★★★
关键技术："图层"面板

→ 添加照片水印

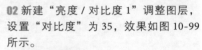

实例解析：为照片添加水印效果，是对照片版权的一种
保护，可通过添加半透明文字或图形等方式来添加水印。

素材文件：光盘\素材\第10章\鲜花.jpg、水印.psd

效果文件：光盘\效果\第10章\添加照片水印.jpg

视频文件：光盘\视频\第10章\添加照片水印.mp4

01 在菜单栏中单击"文件"|"打开"命令，打开素材图像，如图 10-98 所示。

02 新建"亮度/对比度 1"调整图层，设置"对比度"为 35，效果如图 10-99 所示。

图10-98　素材图像

图10-99　调整对比度效果

03 打开"光盘\素材\第 10 章\水印.psd"素材图像，将其拖曳至鲜花图像编辑窗口中的合适位置处，效果如图 10-100 所示。

04 展开"图层"面板，设置"水印"图层的"不透明度"为 40%，最终效果如图 10-101 所示。

图10-100　拖入水印素材

图10-101　最终效果

制作胶片边框

实用秘技

160

难度级别：★ ★ ★ ★
关键技术：矩形工具

实例解析：本实例首先对横画幅照片上下两端扩展白色背景，然后绘制黑色边缘胶片的效果，最后添加黑色胶片边框的投影以增强其效果。

| 素材文件：光盘\素材\第10章\小猫.jpg |
| 效果文件：光盘\效果\第10章\制作胶片边框.jpg |
| 视频文件：光盘\视频\第10章\制作胶片边框.mp4 |

01 单击菜单栏中的"文件"|"打开"命令，打开素材图像，如图 10-102 所示。

02 设置背景色为白色（#ffffff），并用裁剪工具 ⊐，对画布上下两端进行扩展处理，效果如图 10-103 所示。

图10-102 素材图像

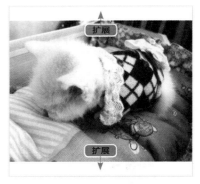

图10-103 扩展处理

03 新建"图层 1"图层，并选取工具箱中的矩形工具■在图像上下两端绘制黑色矩形图像，效果如图 10-104 所示。

04 新建"图层 2"图层，并运用矩形工具■在图像上端绘制白色的矩形图像，效果如图 10-105 所示。

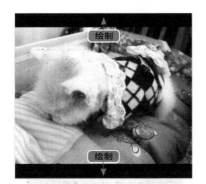

图10-104 绘制黑色矩形图像

图10-105 绘制白色矩形图像

05 按住【Alt + Shift】组合键的同时，单击鼠标左键并向右侧拖曳，复制白色矩形图像，如图 10-106 所示。

图10-106　复制白色矩形图像

06 参照步骤 05 中的操作方法，继续复制其他的白色图像，效果如图 10-107 所示。

图10-107　复制其他的白色图像

07 展开"图层"面板，选择"图层 2"图层和其所有的副本图层，并将其合并为"图层 2"图层，如图 10-108 所示。

图10-108　合并图层

08 复制"图层 2"图层，得到"图层 2 副本"图层，运用移动工具 ▶+ 调整图像的位置，并合并这两个图层，效果如图 10-109 所示。

图10-109　复制并调整图像的位置

09 双击"图层 2 副本"图层，弹出"图层样式"对话框，选中"投影"复选框，如图 10-110 所示。

图10-110　"图层样式"对话框

10 设置"距离"为 9、"扩展"为 8、"大小"为 8，单击"确定"按钮，制作的胶片边框效果如图 10-111 所示。

图10-111　胶片边框效果

实用秘技

161

难度级别：★ ★ ★ ★
关键技术：裁剪工具

↘ 制作签名照片

实例解析：在 Photoshop CS6 中，通过为照片添加相应白色边框，再添加投影效果，即可将个人普通照片制作成拍立得照片效果，然后通过添加一些文字可以丰富画面图像。

素材文件：光盘\素材\第10章\人物11.jpg、文字6.psd

效果文件：光盘\效果\第10章\制作签名照片.jpg

视频文件：光盘\视频\第10章\制作签名照片.mp4

01 单击菜单栏中的"文件"|"打开"命令，打开素材图像，如图 10-112 所示。

图10-112　素材图像

03 单击"确定"按钮，得到"照片"图层，运用裁剪工具 ✄，在图像中创建一个相应大小的裁剪框，并按【Enter】键确认操作，如图 10-114 所示。

图10-114　调整图像大小

02 双击"背景"图层，弹出"新建图层"对话框，设置"名称"为"照片"，如图 10-113 所示。

图10-113　"新建图层"对话框

04 新建"图层 1"图层，并填充白色，将其拖曳至"照片"图层的下方，效果如图 10-115 所示。

图10-115　填充并调整图层顺序

05 运用矩形选框工具 □，在照片周围相应区域创建一个矩形选区，如图 10-116 所示。

图10-116 创建矩形选区

07 双击"图层 2"图层，弹出"图层样式"对话框，选中"投影"复选框，设置"不透明度"为 60%、"距离"为 7、"大小"为 17、"角度"为 130，如图 10-118 所示。

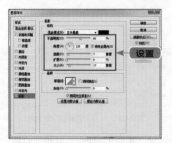

图10-118 "图层样式"对话框

06 新建"图层 2"图层，并填充白色，然后取消选区，如图 10-117 所示。

图10-117 创建并填充图层

08 单击"确定"按钮，为"图层 2"图层应用"投影"图层样式，效果如图 10-119 所示。

图10-119 应用"投影"图层样式

09 打开"光盘\素材\第 10 章\文字 6.psd"素材图像，将其拖曳至人物图像编辑窗口中的合适位置处，照片签名效果如图 10-120 所示。

图10-120 照片签名效果

实用秘技

162

难度级别：★ ★ ★ ★

关键技术：变换控制框

↘ 制作照片卷页效果

实例解析：本实例通过解锁图层并变换照片形式的方式，将照片制作成卷页状态，然后为卷页添加投影图层样式，以增强照片的立体感。

素材文件：光盘\素材\第10章\儿童.jpg、文字7.psd

效果文件：光盘\效果\第10章\制作照片卷页效果.jpg

视频文件：光盘\视频\第10章\制作照片卷页效果.mp4

01 单击菜单栏中的"文件"|"打开"命令，打开素材图像，如图10-121所示。

图10-121 素材图像

03 设置背景色为白色（#ffffff），并用裁剪工具 ┗┛，对画布四周进行扩展处理，效果如图10-123所示。

图10-123 扩展画布

02 双击"背景"图层，弹出"新建图层"对话框，保持默认设置，单击"确定"按钮，即可把背景图层转换为普通图层，如图10-122所示。

图10-122 转换为普通图层

04 新建"图层1"图层，并填充白色，将其调整至"图层0"图层的下方，效果如图10-124所示。

图10-124 填充并调整图层顺序

05 选择"图层0"图层，按【Ctrl + T】组合键，调出变换控制框，单击工具属性栏中的"在自由变换和变形模式之间切换"按钮，并调整右下角控制手柄至左上方，如图10-125所示。

图10-125　调整控制手柄

06 按【Enter】键，确认变换操作，效果如图10-126所示。

图10-126　确认变换操作

07 双击"图层0"图层，弹出"图层样式"对话框，选中"投影"复选框，设置"不透明度"为50%、"距离"为6、"大小"为18、"角度"为129，如图10-127所示。

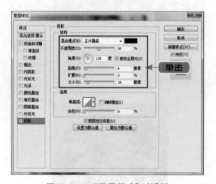

图10-127　"图层样式"对话框

08 设置完成后单击"确定"按钮，为"图层0"图层应用"投影"图层样式，效果如图10-128所示。

图10-128　应用"投影"图层样式

> **技巧点拨**
>
> 图层样式是应用于一个图层或图层组的一种或多种效果。用户可以应用Photoshop附带提供的某一种预设样式，或者使用"图层样式"对话框来创建自定样式。

09 选取工具箱中的磁性套索工具 ，在卷起的照片图像区域中创建一个选区，如图 10-129 所示。

10 新建"图层 2"图层，并运用渐变工具 ，设置从亮灰色（RGB 参数值为 235、235、238）到灰色（RGB 参数值为 167、170、172）再到浅灰色（RGB 参数值为 209、212、213）的线性渐变，并填充选区，效果如图 10-130 所示。

图10-129 创建选区

图10-130 填充选区

11 按【Ctrl + D】组合键，取消选区，效果如图 10-131 所示。

12 打开"光盘\素材\第 10 章\文字 7.psd"素材图像，将其拖曳至儿童图像编辑窗口中的合适位置处，最终效果如图 10-132 所示。

图10-131 取消选区

图10-132 最终效果

第11章

非主流照片的应用

学前提示

随着手机拍照的流行，网络照片的盛传，"非主流"照片的处理越来越受到广大年轻人的青睐，特别是"80后"和"90后"，他们通过张扬的个性、另类的打扮、搞怪的表情、夸张的语言、细节事物的美感、浓郁色彩的反差、火星文字的描述来表达某种行为方式、情感情结，并引领一种时尚需求、风潮，让人耳目一新。

本章重点

◎ 非主流人像照片

◎ 非主流风景照片

◎ 非主流伤感照片

本章视频

11.1 非主流人像照片

非主流的运用面非常广泛，虽然有很多都是表现出负面的情绪，但其中也不乏充满阳光的作品。非主流就像写作文一样，用夸张的手法、比喻的技巧来放大人们对于希望的向往、对于快乐的享受。

实用秘技 163	↘ 制作超萌美女
难度级别：★★★★ 关键技术："柔光"模式	实例解析：本实例首先运用"色阶"命令增加照片亮度，然后通过"柔光"混合模式使照片充满光泽度，并加入可爱素材打造出超萌美女。下面介绍制作超萌美女的操作方法。
	素材文件：光盘\素材\第11章\人物1.jpg、装饰1.psd
	效果文件：光盘\效果\第11章\制作超萌美女.jpg
	视频文件：光盘\视频\第11章\制作超萌美女.mp4

01 在菜单栏中单击"文件"|"打开"命令，打开素材图像，如图 11-1 所示。

图11-1 素材图像

02 复制"背景"图层，得到"背景 副本"图层，如图 11-2 所示。

图11-2 复制"背景"图层

03 单击菜单栏中的"图像"|"调整"|"色阶"命令，弹出"色阶"对话框，设置参数分别为 0、1.26、234，如图 11-3 所示。

图11-3 "色阶"对话框

04 设置完成后，单击"确定"按钮，即可增加图像亮度，效果如图 11-4 所示。

图11-4 增加图像亮度效果

05 复制"背景 副本"图层，得到"背景 副本 2"图层，如图 11-5 所示。

图11-5 复制"背景 副本"图层

07 单击"确定"按钮，即可模糊图像，并设置"背景 副本 2"图层的"混合模式"为"柔光"，效果如图 11-7 所示。

图11-7 模糊图像效果

09 设置"图层 1"图层的"混合模式"为"柔光"、"不透明度"为 51%，效果如图 11-9 所示。

图11-9 设置图层混合模式与不透明度效果

06 单击菜单栏中的"滤镜"|"模糊"|"高斯模糊"命令，弹出"高斯模糊"对话框，设置"半径"为 5，如图 11-6 所示。

图11-6 "高斯模糊"对话框

08 新建"图层 1"图层，设置前景色为玫红色（RGB 参数值为 249、63、189），【Alt + Delete】组合键，填充颜色，效果如图 11-8 所示。

图11-8 填充颜色

10 打开"光盘 / 素材 / 第 11 章 / 装饰 1.psd"素材文件，并将其拖曳至人物图像编辑窗口中的合适位置处，最终效果如图 11-10 所示。

图11-10 最终效果

实用秘技
164

难度级别：★★★
关键技术：渐变工具

↘ 制作记录瞬间

实例解析：本实例首先通过"高斯模糊"滤镜混合图像，然后运用渐变工具制作出暗角特效，展现出瞬间精彩。下面介绍制作记录瞬间的操作方法。

素材文件：光盘\素材\第11章\人物2.jpg、文字1.psd
效果文件：光盘\效果\第11章\制作记录瞬间.jpg
视频文件：光盘\视频\第11章\制作记录瞬间.mp4

01 在菜单栏中单击"文件"|"打开"命令，打开素材图像，如图11-11所示。

02 复制"背景"图层，得到"背景 副本"图层，如图11-12所示。

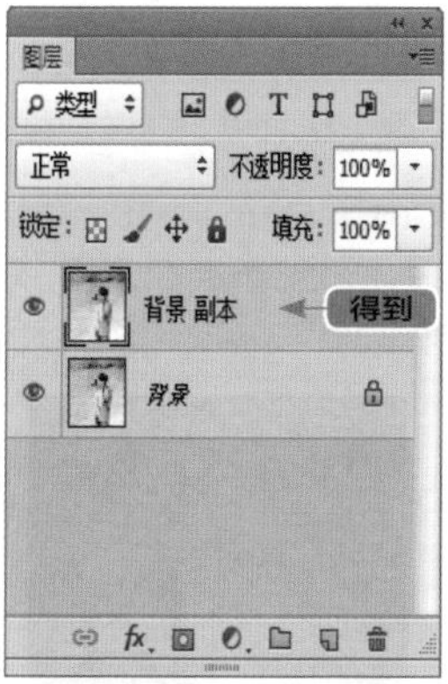

图11-11 素材图像

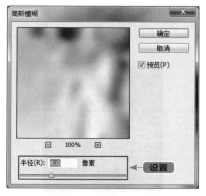

图11-12 复制"背景"图层

03 单击菜单栏中的"滤镜"|"模糊"|"高斯模糊"命令，弹出"高斯模糊"对话框，设置"半径"为6，如图11-13所示。

04 单击"确定"按钮，模糊图像，并设置"背景 副本"图层的"混合模式"为"正片叠底"，效果如图11-14所示。

图11-13 "高斯模糊"对话框

图11-14 图像效果

05 展开"图层"面板，单击底部的"创建新图层"按钮 ⬚ ，新建"图层1"图层，如图 11-15 所示。

图11-15　新建"图层1"图层

07 按【Ctrl + Shift + Alt + E】组合键，盖印图层，得到"图层2"图层，并将其高斯模糊 5 个像素，效果如图 11-17 所示。

图11-17　模糊图像

09 打开"光盘 \ 素材 \ 第11章 \ 文字1.psd"素材文件，并将其拖曳至人物图像编辑窗口中的合适位置处，效果如图 11-19 所示。

图11-19　拖入文字素材

06 设置前景色为黑色，选取工具箱中的渐变工具 ▬ ，在工具属性栏中选中"反向"复选框，再打开"渐变编辑器"对话框，在"预设"列表框中选择"前景色到透明渐变"，在图像编辑窗口中填充前景色到透明的径向渐变，效果如图 11-16 所示。

图11-16　填充径向渐变

08 在"图层"面板中，设置"图层2"图层的"混合模式"为"柔光"，效果如图 11-18 所示。

图11-18　设置柔光效果

10 新建"亮度 / 对比度 1"调整图层，展开调整面板，设置"亮度"为 26、"对比度"为 5，最终效果如图 11-20 所示。

图11-20　最终效果

实用秘技

165

难度级别：★ ★ ★ ★ ★
关键技术：线性渐变

↘ 制作一起看云

实例解析：本实例首先运用渐变工具填充多彩颜色，并混合颜色图层，使画面更加艳丽，增加画面的幸福感。下面介绍制作一起看云的操作方法。

素材文件：光盘\素材\第11章\人物3.jpg、文字2.psd

效果文件：光盘\效果\第11章\制作一起看云.jpg

视频文件：光盘\视频\第11章\制作一起看云.mp4

01 在菜单栏中单击"文件"|"打开"命令，打开素材图像，如图 11-21 所示。

图11-21　素材图像

02 展开"图层"面板，新建"图层1"图层，如图 11-22 所示。

图11-22　新建"图层1"图层

03 选取工具箱中的渐变工具 ，单击工具属性栏上的"点按可编辑渐变"按钮，弹出"渐变编辑器"对话框，如图 11-23 所示。

04 在渐变条上分别设置两个色标的 RGB 参数值分别为 105、236、255 和 249、198、87，如图 11-24 所示。

图11-23　"渐变编辑器"对话框　　　　图11-24　设置渐变色

05 单击"确定"按钮，在图像上单击鼠标左键并拖曳，填充渐变色，效果如图11-25所示。

图11-25 填充渐变色

07 新建"色彩平衡1"调整图层，展开调整面板，设置"中间调"参数分别为15、-15、-100，如图11-27所示。

图11-27 设置"中间调"参数

09 设置完成后，即可调整画面色彩，效果如图11-29所示。

图11-29 调整画面色彩

06 设置"图层1"图层的"混合模式"为"颜色"、"不透明度"为50%，效果如图11-26所示。

图11-26 设置混合模式与不透明度效果

08 选择"高光"色调，设置各参数分别为5、6、0，如图11-28所示。

图11-28 设置"高光"参数

10 打开"光盘\素材\第11章\文字2.psd"素材文件，并将其拖曳至人物图像编辑窗口中的合适位置处，最终效果如图11-30所示。

图11-30 最终效果

实用秘技

166

难度级别：★★★★
关键技术：径向渐变

↘ 制作若我离去

实例解析：本实例主要运用渐变工具制作出暗角色调，并加入线条素材展现出非主流的伤感情调。下面介绍制作若我离去的操作方法。

素材文件：光盘\素材\第11章\人物4.jpg、文字3.psd

效果文件：光盘\效果\第11章\制作若我离去.jpg

视频文件：光盘\视频\第11章\制作若我离去.mp4

01 在菜单栏中单击"文件"|"打开"命令，打开素材图像，如图 11-31 所示。

图11-31　素材图像

02 展开"图层"面板，新建"图层 1"图层，如图 11-32 所示。

图11-32　新建"图层1"图层

03 运用渐变工具 ▇ 在图像中填充土黄色（RGB 参数值为 204、173、40）到黑色的径向渐变，效果如图 11-33 所示。

图11-33　填充径向渐变1

04 设置"图层 1"图层的"混合模式"为柔光、"不透明度"为 70%，效果如图 11-34 所示。

图11-34　设置图层混合模式与不透明度

05 新建"图层2"图层，运用渐变工具 ■，在图像中填充土黄色（RGB参数值为219、185、43）到深土黄（RGB参数值为101、82、2）的径向渐变，效果如图11-35所示。

图11-35 填充径向渐变2

07 打开"光盘\素材\第11章\电视机线.psd"素材文件，并将其拖曳至人物图像编辑窗口中，设置该图层的"混合模式"为"叠加"，效果如图11-37所示。

图11-37 拖入素材图像

06 设置"图层2"图层的"混合模式"为"柔光"，效果如图11-36所示。

图11-36 设置混合模式效果

08 打开"光盘\素材\第11章\文字3.psd"素材文件，并将其拖曳至人物图像编辑窗口中的合适位置处，最终效果如图11-38所示。

图11-38 最终效果

专家提示

图层的整体不透明度用于确定它遮蔽或显示其下方图层的程度。不透明度为1%的图层看起来几乎是透明的，而不透明度为100%的图层则显得完全不透明。

实用秘技

167

难度级别：★★★★
关键技术："颜色加深"
模式

↘ 制作落叶知秋

实例解析：本实例首先运用渐变工具填充出多彩的画面颜色，然后通过"颜色加深"图层模式加深画面层次，最后加入文字素材体现照片主题。

素材文件：光盘\素材\第11章\人物5.jpg、文字4.psd

效果文件：光盘\效果\第11章\制作落叶知秋.jpg

视频文件：光盘\视频\第11章\制作落叶知秋.mp4

01 在菜单栏中单击"文件"|"打开"命令，打开素材图像，如图 11-39 所示。

图11-39 素材图像

03 设置"图层 1"图层的"混合模式"为"颜色加深"、"不透明度"为 30%，效果如图 11-41 所示。

图11-41 设置图层混合模式与不透明度

02 新建"图层 1"图层，运用渐变工具，在图像中填充蓝色（RGB 参数值为 1、78、120）到土黄色（RGB 参数值为 208、172、18）的线性渐变，效果如图 11-40 所示。

填充

图11-40 填充线性渐变

04 打开"光盘\素材\第11章\文字4.psd"素材文件，并将其拖曳至人物图像编辑窗口中的合适位置处，最终效果如图 11-42 所示。

拖曳

图11-42 最终效果

11.2 非主流风景照片

　　非主流对于风景而言，最大的魅力是能够把普通的环境变得具有戏剧性，能够使普通的街景变得具有极强的视觉冲击力，能使普通的建筑体现出沧桑感与厚重的神秘感。

实用秘技 **168**	↘ **制作寂寞原野**
	实例解析：本实例首先通过填充图层、"色相\饱和度"以及"亮度\对比度1"调整图层调出非主流色调，然后使用"高斯模糊"滤镜进行修饰，使画面产生一种寂寞感。
难度级别：★★★★	素材文件：光盘\素材\第11章\风景1.jpg、文字5.psd
关键技术：填充图层	效果文件：光盘\效果\第11章\制作寂寞原野.jpg
	视频文件：光盘\视频\第11章\制作寂寞原野.mp4

01 在菜单栏中单击"文件"|"打开"命令，打开素材图像，如图 11-43 所示。

图11-43　素材图像

02 展开"图层"面板，新建"图层 1"图层，如图 11-44 所示。

图11-44　新建"图层1"图层

03 设置前景色为淡黄色（RGB 参数值为255、247、222），按【Alt + Delete】组合键，填充颜色，效果如图 11-45 所示。

图11-45　填充颜色

04 设置"图层 1"图层的"混合模式"为"正片叠底"，效果如图 11-46 所示。

图11-46　设置图层混合模式效果

05 新建"色相/饱和度1"调整图层,展开调整面板,设置各参数值分别为 -7、34、0,如图 11-47 所示。

图11-47 设置"色相/饱和度"参数

06 设置完成后,即可加深图像色彩,效果如图 11-48 所示。

图11-48 加深图像色彩

07 新建"亮度/对比度1"调整图层,展开"属性"面板,设置"亮度"为 12、"对比度"为 53,如图 11-49 所示。

图11-49 设置"亮度/对比度"参数

08 设置完成后,即可调整照片的亮度和对比度,效果如图 11-50 所示。

图11-50 调整亮度和对比度效果

09 按【Ctrl + Shift + Alt + E】组合键,盖印图层,得到"图层 2"图层,如图 11-51 所示。

图11-51 盖印图层

10 单击菜单栏中的"滤镜"|"模糊"|"高斯模糊"命令,弹出"高斯模糊"对话框,设置"半径"为 5,单击"确定"按钮,模糊图像效果如图 11-52 所示。

图11-52 模糊图像效果

11 设置"图层2"图层的"混合模式"为
"柔光"、"不透明度"为79%，效果如
图11-53所示。

图11-53　设置图层混合模式和不透明度

12 打开"光盘\素材\第11章\文字
5.psd"素材文件，并将其拖曳至风景图
像编辑窗口中的合适位置处，最终效果如
图11-54所示。

拖曳

图11-54　最终效果

实用秘技

169

难度级别：★★★★★
关键技术："正片叠底"
模式

➜ 制作仰望天空

实例解析：本实例首先通过图层混合模式减淡人物图
像，然后通过多种颜色的填充图层使天空画面产生层次
感，最后运用图层蒙版来修饰图像。

素材文件：光盘\素材\第11章\风景2.jpg等
效果文件：光盘\效果\第11章\制作仰望天空.jpg
视频文件：光盘\视频\第11章\制作仰望天空.mp4

01 在菜单栏中单击"文件"|"打开"命
令，打开"风景2.jpg"素材图像，如图
11-55所示。

图11-55　素材图像

02 打开"光盘\素材\第11章\人物
6.jpg"素材文件，并将其拖曳至风景图
像编辑窗口中的合适位置处，效果如图
11-56所示。

拖曳

图11-56　拖入素材图像

03 为"图层 1"图层添加图层蒙版，并运用黑色的画笔工具  涂抹图像，隐藏部分图像，效果如图 11-57 所示。

图11-57　隐藏部分图像

04 设置"图层 1"图层的"混合模式"为"正片叠底"，效果如图 11-58 所示。

图11-58　设置混合模式效果1

05 新建"亮度 / 对比度 1"调整图层，展开调整面板，设置"对比度"为 100，效果如图 11-59 所示。

图11-59　调整对比度效果

06 新建"图层 2"图层，设置前景色为黄色（RGB 参数值为 255、255、0），按【Alt + Delete】组合键，填充颜色，效果如图 11-60 所示。

图11-60　填充颜色1

07 设置"图层 2"图层的"混合模式"为"柔光"，效果如图 11-61 所示。

图11-61　设置混合模式效果2

08 新建"图层 3"图层，设置前景色为红色（RGB 参数值为 255、25、0），按【Alt + Delete】组合键，填充颜色，效果如图 11-62 所示。

图11-62　填充颜色2

09 设置 "图层 3" 图层的 "混合模式" 为 "叠加"、"不透明度" 为 33%，效果如 图 11-63 所示。

10 为 "图层 3" 图层添加图层蒙版，运用 黑色的画笔工具 ，在图像编辑窗口中 进行适当涂抹，效果如图 11-64 所示。

图11-63　设置混合模式效果3

图11-64　涂抹图像

专家提醒

> 默认情况下，图层组的混合模式是 "穿透"，这表示组没有自己的混合属性。为 组选取其他混合模式时，可以有效地更改图像各个组成部分的合成顺序。首先会将组 中的所有图层放在一起。然后，这个复合的组会被视为一幅单独的图像，并利用所 选混合模式与图像的其余部分混合。因此，如果为图层组选取的混合模式不是 "穿 透"，则组中的调整图层或图层混合模式将都不会应用于组外部的图层。

11 打开 "光盘 \ 素材 \ 第 11 章 \ 文字 6.psd" 素材文件，并将其拖曳至风景图像编辑 窗口中的合适位置处，最终效果如图 11-65 所示。

图11-65　最终效果

专家提醒

> 图层没有 "清除" 混合模式，对于 Lab 图像，"颜色减淡"、"颜色加深"、"变 暗"、"变亮"、"差值"、"排除"、"减去" 和 "划分" 模式都不可使用。除了设置整体 不透明度（影响应用于图层的任何图层样式和混合模式）以外，还可以指定填充不透 明度。填充不透明度仅影响图层中的像素、形状或文本，而不影响图层效果（例如投 影）的不透明度。

↘ 制作爱的曙光

实例解析：本实例首先通过"色相\饱和度"调整图层降低图像的色彩，然后填充多种颜色的线性渐变，使画面具有层次感，体现出晨曦的多彩光芒。

| 素材文件：光盘\素材\第11章\风景3.jpg、文字7.psd |
| 效果文件：光盘\效果\第11章\制作爱的曙光.jpg |
| 视频文件：光盘\视频\第11章\制作爱的曙光.mp4 |

01 在菜单栏中单击"文件"|"打开"命令，打开素材图像，如图 11-66 所示。

图11-66　素材图像

03 设置完成后，即可降低图像色彩，效果如图 11-68 所示。

图11-68　降低图像色彩

02 新建"色相\饱和度 1"调整图层，展开调整面板，设置"饱和度"为 -70，如图 11-67 所示。

图11-67　设置"色相/饱和度"参数

04 新建"图层 1"图层，填充蓝色（RGB参数值为 1、59、95）到绿色（RGB 参数值为 8、125、65），再到橙色（RGB 参数值为 241、185、36），最后到红色（RGB参数值为 255、14、14）的线性渐变，效果如图 11-69 所示。

图11-69　填充线性渐变

05 设置"图层1"图层的"混合模式"为"颜色",效果如图 11-70 所示。

06 新建"色阶1"调整图层,展开调整面板,设置其中各参数值分别为 8、1.23、247,如图 11-71 所示。

图11-70　设置图层混合模式效果

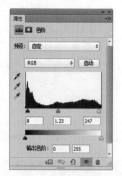

图11-71　设置"色阶"参数

07 设置完成后,即可增加画面的层次感,效果如图 11-72 所示。

08 打开"光盘\素材\第11章\文字7.psd"素材文件,并将其拖曳至风景图像编辑窗口中的合适位置处,最终效果如图 11-73 所示。

图11-72　增加画面的层次感

图11-73　最终效果

专家提醒

　　要通过手动调整"色阶"来调整图层的阴影和高光,可将黑色和白色"输入色阶"滑块拖移到直方图的任意一端的第一组像素边缘。例如,如果将黑场滑块移到右边的色阶 5 处,则 Photoshop 会将位于或低于色阶 5 的所有像素都映射到色阶 0。同样,如果将白场滑块移到左边的色阶 243 处,则 Photoshop 会将位于或高于色阶 243 的所有像素都映射到色阶 255。这种映射将影响每个通道中最暗和最亮的像素。其他通道中的相应像素按比例调整以避免改变色彩平衡。

实用秘技

171

难度级别：★★★★★
关键技术："喷溅"滤
镜、"撕边"滤镜

↘ **制作斑驳树干**

实例解析：本实例首先通过"曲线"和"色相\饱和
度"调整图层处理照片的色调，然后运用套索工具、
快速蒙版、"喷溅"滤镜以及"撕边"滤镜等制作斑
驳的树干。

素材文件：光盘\素材\第11章\树干.jpg、文字8.psd

效果文件：光盘\效果\第11章\制作斑驳树干.jpg

视频文件：光盘\视频\第11章\制作斑驳树干.mp4

01 在菜单栏中单击"文件"|"打开"命
令，打开素材图像，如图 11-74 所示。

图11-74　素材图像

03 执行操作后，即可改变图像色调，效
果如图 11-76 所示。

图11-76　改变图像色调

02 新建"色彩平衡 1"调整图层，展开调
整面板，设置其中各参数值分别为 -100、
15、-30，如图 11-75 所示。

图11-75　设置"色彩平衡"参数

04 打开"光盘 \ 素材 \ 第11章 \ 黄纸 .psd"
素材文件，并将其拖曳至树干图像编辑窗
口中的合适位置处，效果如图 11-77 所示。

图11-77　拖入素材图像

05 设置"图层1"图层的"混合模式"为"正片叠底"、"不透明度"为 90%，效果如图 11-78 所示。

图11-78 设置图层混合模式和不透明度1

07 设置完成后，即可降低照片亮度，效果如图 11-80 所示。

图11-80 降低照片亮度

09 设置完成后，即可加深图像色彩，效果如图 11-82 所示。

图11-82 加深图像色彩

06 新建"曲线1"调整图层，展开调整面板，设置"输出"、"输入"分别为 82、97 和 190、165，如图 11-79 所示。

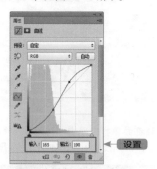

图11-79 设置"曲线"参数

08 新建"色相/饱和度1"调整图层，展开调整面板，设置"饱和度"为 -45，如图 11-81 所示。

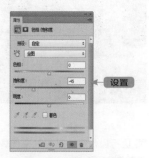

图11-81 设置"色相/饱和度"参数

10 复制"图层1"图层，得到"图层1副本"图层，并将该图层拖曳至"图层"面板的最上方，如图 11-83 所示。

图11-83 调整图层顺序

11 设置"图层 1 副本"图层的"混合模式"为"叠加"、"不透明度"为 50%，效果如图 11-84 所示。

图11-84　设置图层混合模式和不透明度2

12 按【Ctrl + Shift + Alt + E】组合键，盖印图层，得到"图层 2"图层，如图 11-85 所示。

图11-85　盖印图层

13 选取工具箱中的套索工具 ○，单击工具属性栏中的"从选区减去"按钮 □，在图像编辑窗口中随意创建不规则选区，如图 11-86 所示。

图11-86　创建不规则选区

14 单击工具箱中的"以快速蒙版模式编辑"按钮 ○，调出蒙版，如图 11-87 所示。

图11-87　调出蒙版

15 单击菜单栏中的"滤镜"|"画笔描边"|"喷溅"命令，在弹出的对话框中设置"喷色半径"为 15、"平滑度"为 7，如图 11-88 所示。

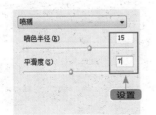

图11-88　设置"喷溅"参数

16 设置完成后，单击"确定"按钮，应用"喷溅"滤镜，效果如图 11-89 所示。

图11-89　应用"喷溅"滤镜

17 单击菜单栏中的"滤镜"|"素描"|"撕边"命令,弹出"撕边"对话框,设置"图像平衡"为 50、"平滑度"为 11、"对比度"为 16,如图 11-90 所示。

图11-90 设置"撕边"参数

19 单击工具箱中的"以标准模式编辑"按钮 [图],退出快速蒙版编辑模式,并按【Ctrl + Shift + I】组合键,反选选区,如图 11-92 所示。

图11-92 反选选区

21 双击"图层 2"图层,弹出"图层样式"对话框,选中"投影"复选框,设置"距离"为 6、"扩展"为 7、"大小"为 6,如图 11-94 所示。

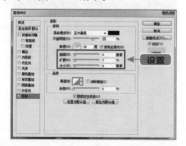

图11-94 "图层样式"对话框

18 设置完成后,单击"确定"按钮,应用"撕边"滤镜,效果如图 11-91 所示。

图11-91 应用"撕边"滤镜

20 按【Delete】键,删除选区内的图像,并取消选区,在"背景"图层上新建"图层 3"图层,并填充白色,效果如图 11-93 所示。

图11-93 删除选区内图像并填充

22 选中"内阴影"复选框,设置"距离"为 6、"阻塞"为 3、"大小"为 8,单击"确定"按钮,即可添加图层样式,效果如图 11-95 所示。

图11-95 添加图层样式效果

23 新建"亮度/对比度 1"调整图层,展开调整面板,设置"亮度"为 31、"对比度"为 18,效果如图 11-96 所示。

24 打开"光盘\素材\第 11 章\文字8.psd"素材文件,并将其拖曳至树干图像编辑窗口中的合适位置处,最终效果如图 11-97 所示。

图11-96 设置亮度和对比度效果

图11-97 最终效果

实用秘技 172

难度级别:★★★★★
关键技术:"颗粒"滤镜

↘ 制作繁华街道

实例解析:本实例首先去除了图像的颜色,然后通过"色彩平衡"调整图层将照片处理成单色,最后使用"颗粒"滤镜使画面产生一种非主流特有的厚重感。

素材文件:光盘\素材\第 11 章\街道.jpg
效果文件:光盘\效果\第 11 章\制作繁华街道.jpg
视频文件:光盘\视频\第 11 章\制作繁华街道.mp4

01 在菜单栏中单击"文件"|"打开"命令,打开素材图像,如图 11-98 所示。

02 按【Ctrl + J】组合键复制"背景"图层,得到"图层 1"图层,如图 11-99 所示。

图11-98 素材图像

图11-99 复制"背景"图层

专家提醒

"颗粒"滤镜可以通过模拟以下不同种类的颗粒在图像中添加纹理:常规、软化、喷洒、结块、强反差、扩大、点刻、水平、垂直和斑点。

03 单击菜单栏中的"图像"|"调整"|"去色"命令，即可将图像去色，效果如图11-100所示。

图11-100 图像去色

04 新建"色彩平衡1"调整图层，展开调整面板，设置其中各参数值分别为51、0、-78，效果如图11-101所示。

图11-101 调整图像色彩

05 按【Ctrl + Shift + Alt + E】组合键，盖印图层，得到"图层2"图层，如图11-102所示。

图11-102 盖印图层

06 单击菜单栏中的"滤镜"|"纹理"|"颗粒"命令，弹出"颗粒"对话框，设置"强度"为75、"对比度"为71、"颗粒类型"为"垂直"，单击"确定"按钮，效果如图11-103所示。

图11-103 应用"颗粒"滤镜

07 在"图层"面板中，设置"图层2"图层的"混合模式"为"变亮"，效果如图11-104所示。

图11-104 设置图层混合模式效果

08 新建"色相/饱和度1"调整图层，展开调整面板，设置"色相"为16、"饱和度"为3，最终效果如图11-105所示。

图11-105 最终效果

11.3 非主流伤感照片

在非主流的设计中，往往都会把一切感情放大，画面可以深沉黯淡，也可以强烈对比，通过强烈的视觉对比而表现出悲伤的情绪，并配以文字描写出伤感的心理动态。

实用秘技 173

难度级别：★★★★★
关键技术：径向渐变

▶ **制作爱到尽头**

实例解析：本实例首先通过"亮度\对比度"、"曲线"调整图层以及填充图层，减低画面亮度，并呈现出一种暗黄色的色调，最后使用渐变工具制作出暗角效果。

素材文件：光盘\素材\第11章\草丛.jpg、文字9.psd
效果文件：光盘\效果\第11章\制作爱到尽头.jpg
视频文件：光盘\视频\第11章\制作爱到尽头.mp4

01 单击菜单栏中的"文件"|"打开"命令，打开素材图像，如图11-106所示。

图11-106 素材图像

02 新建"亮度/对比度1"调整图层，展开调整面板，设置"亮度"为19、"对比度"为81，效果如图11-107所示。

图11-107 调整亮度/对比度效果

03 新建"图层1"图层，设置前景色为土黄色（RGB参数值为178、148、60），按【Alt + Delete】组合键，填充前景色，效果如图11-108所示。

图11-108 填充前景色

04 设置"图层1"图层的"混合模式"为"正片叠底"、"不透明度"为20%，效果如图11-109所示。

图11-109 设置图层混合模式和不透明度1

05 新建"色阶1"调整图层,展开调整面板,设置其中各参数值分别为44、0.64、232,如图11-110所示。

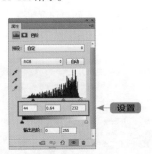

图11-110 设置"色阶"参数

06 设置完成后,即可增加画面层次感,效果如图11-111所示。

图11-111 增加画面层次感

07 新建"曲线1"调整图层,展开调整面板,设置"输入"、"输出"分别为76、93和164、156,如图11-112所示。

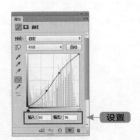

图11-112 设置"曲线"参数

08 设置完成后,即可增强画面色调,效果如图11-113所示。

图11-113 增强画面色调

09 新建"图层2"图层,选取工具箱中的渐变工具 ,在工具属性栏中选中"反向"复选框,填充黑色到透明色的径向渐变,效果如图11-114所示。

图11-114 填充径向渐变

10 在"图层"面板中,设置"图层2"图层的"混合模式"为"正片叠底"、"不透明度"为60%,效果如图11-115所示。

图11-115 设置图层混合模式和不透明度2

11 新建"图层 3"图层，设置前景色为淡黄色（RGB 参数值为 241、232、216），按【Alt + Delete】组合键，填充前景色，效果如图 11-116 所示。

图11-116 填充前景色

12 设置"图层 3"图层的"混合模式"为"正片叠底"、"不透明度"为 56%，效果如图 11-117 所示。

图11-117 设置图层混合模式和不透明度3

13 新建"色相 / 饱和度 1"调整图层，展开调整面板，设置"饱和度"为 -31，效果如图 11-118 所示。

图11-118 调整图像饱和度

14 新建"色阶 2"调整图层，展开调整面板，设置其中各参数值分别为 44、1.33、255，效果如图 11-119 所示。

图11-119 设置色阶效果

15 运用黑色的画笔工具 ✎，涂抹图像四周，效果如图 11-120 所示。

图11-120 涂抹图像

16 打开"光盘 \ 素材 \ 第 11 章 \ 文字 9.psd"素材文件，并将其拖曳至草丛图像编辑窗口中的合适位置处，最终效果如图 11-121 所示。

图11-121 最终效果

专家提醒

> 在混合图层或组时，可以将混合效果限制在指定的通道内。

实用秘技

174

难度级别：★★★★
关键技术："正片叠底"
模式

制作透彻的忘

实例解析：本实例首先使用填充图层给画面蒙上一层黄色的色调，然后通过"色阶"和"色相\饱和度"调整图层加深图像的色彩，调出伤感色调。

素材文件：	光盘\素材\第11章\人物7.jpg、文字10.psd
效果文件：	光盘\效果\第11章\制作透彻的忘.jpg
视频文件：	光盘\视频\第11章\制作透彻的忘.mp4

01 单击菜单栏中的"文件"|"打开"命令，打开素材图像，如图 11-122 所示。

图11-122 素材图像

03 设置前景色为淡黄色（RGB 参数值为249、250、202），按【Alt + Delete】组合键，填充前景色，效果如图 11-124所示。

图11-123 新建"图层1"图层

02 展开"图层"面板，新建"图层1"图层，如图 11-123 所示。

04 设置"图层 1"图层的"混合模式"为"正片叠底"，效果如图 11-125 所示。

图11-124 填充前景色

图11-125 设置图层混合模式

专家提醒

"正片叠底"模式可以查看每个通道中的颜色信息，并将基色与混合色复合，结果色总是较暗的颜色。

05 新建"色阶1"调整图层，展开调整面板，设置其中各参数值分别为27、1.08、255，如图11-126所示。

06 执行操作后，即可调整图像色调，效果如图11-127所示。

图11-126　设置"色阶"参数

图11-127　调整图像色调

07 新建"色相/饱和度1"调整图层，展开调整面板，设置"饱和度"为56，如图11-128所示。

08 执行操作后，即可加深图像色彩，效果如图11-129所示。

图11-128　设置"色相/饱和度"参数

图11-129　加深图像色彩

09 打开"光盘\素材\第11章\文字10.psd"素材文件，并将其拖曳至人物图像编辑窗口中的合适位置处，最终效果如图11-130所示。

图11-130　最终效果

实用秘技
175

↘ 制作你不懂我

难度级别：★★★
关键技术："柔光"模式

实例解析：本实例首先通过"色相/饱和度"和"曲线"调整图层，并配合填充图层来展现出一种非主流的淡雅色调，最后加入灰暗素材体现出伤感的主题。

素材文件：光盘\素材\第11章\人物8.jpg、线条.psd
效果文件：光盘\效果\第11章\制作你不懂我.jpg
视频文件：光盘\视频\第11章\制作你不懂我.mp4

01 单击菜单栏中的"文件"|"打开"命令，打开素材图像，如图 11-131 所示。

图11-131 素材图像

02 新建"色相/饱和度 1"调整图层，展开调整面板，设置"饱和度"为 11，效果如图 11-132 所示。

图11-132 调整照片饱和度效果

03 新建"图层 1"图层，设置前景色为淡黄色（RGB 参数值为 255、229、192），按【Alt + Delete】组合键，填充前景色，效果如图 11-133 所示。

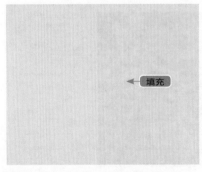

← 填充

图11-133 填充前景色

04 设置"图层 1"图层的"混合模式"为"正片叠底"、"不透明度"为 50%，效果如图 11-134 所示。

图11-134 设置图层混合模式和不透明度

05 新建"曲线1"调整图层，展开调整面板，选择"红"色调，设置"输入"为104、"输出"为135，如图11-135所示。

图11-135 设置"曲线"参数

07 打开"光盘\素材\第11章\线条.psd"素材文件，并将其拖曳至人物图像编辑窗口中的合适位置处，效果如图11-137所示。

图11-137 拖入素材图像

09 新建"亮度/对比度1"调整图层，展开调整面板，设置"对比度"为19，效果如图11-139所示。

图11-139 设置图像对比度

06 设置完成后，即可加深画面的"红"色调，效果如图11-136所示。

图11-136 加深画面色调

08 设置"图层2"图层的"混合模式"为"柔光"，效果如图11-138所示。

图11-138 设置图层混合模式

10 打开"光盘\素材\第11章\文字11.psd"素材文件，并将其拖曳至人物图像编辑窗口中的合适位置处，最终效果如图11-140所示。

图11-140 最终效果

实用秘技

176

难度级别：★★★★
关键技术："色阶"
调整图层

↘ **制作飞舞童年**

实例解析：本实例首先采用"色彩平衡"和"亮度\对比度"调整图层调整画面色调，然后运用"色阶"调整图层调整色调的层次感。下面介绍制作飞舞童年的操作方法。

素材文件：光盘\素材\第11章\人物9.jpg、文字12.psd

效果文件：光盘\效果\第11章\制作飞舞童年.jpg

视频文件：光盘\视频\第11章\制作飞舞童年.mp4

01 在菜单栏中单击"文件"|"打开"命令，打开素材图像，如图 11-141 所示。

图11-141　素材图像

02 新建"色彩平衡 1"调整图层，展开调整面板，设置"中间调"参数值分别为 45、3、0，如图 11-142 所示。

图11-142　设置"中间调"参数

03 选择"高光"色调，设置其中各参数值分别为 -12、2、0，如图 11-143 所示。

图11-143　设置"高光"参数

04 设置完成后，即可调整图像的色彩，效果如图 11-144 所示。

图11-144　调整图像的色彩

05 新建"亮度 / 对比度 1"调整图层，展开调整面板，设置"亮度"为 -39、"对比度"为 69，如图 11-145 所示。

图11-145 设置"亮度/对比度"参数

07 新建"色阶 1"调整图层，展开调整面板，设置其中各参数值分别为 0、0.85、255，如图 11-147 所示。

图11-147 设置"色阶"参数

06 设置完成后，即可调整图像的亮度和对比度，效果如图 11-146 所示。

图11-146 调整图像的亮度和对比度

08 设置完成后，即可加深图像色调的层次感，效果如图 11-148 所示。

图11-148 加深图像色调的层次感

09 打开"光盘 \ 素材 \ 第 11 章 \ 文字 12.psd"素材文件，并将其拖曳至人物图像编辑窗口中的合适位置处，最终效果如图 11-149 所示。

图11-149 最终效果

实用秘技

177

↘ **制作孤单城市**

难度级别：★★★★★
关键技术：椭圆选框
工具

实例解析：本实例首先加入斜条纹素材，让画面显示出一种暗淡的色调，然后通过椭圆选框工具来制作出黑色的暗角效果。下面介绍制作孤单城市的操作方法。

素材文件：光盘\素材\第11章\城市.jpg、斜条纹.psd
效果文件：光盘\效果\第11章\制作孤单城市.jpg
视频文件：光盘\视频\第11章\制作孤单城市.mp4

01 单击菜单栏中的"文件"|"打开"命令，打开素材图像，如图 11-150 所示。

02 打开"光盘\素材\第11章\斜条纹.psd"素材文件，并将其拖曳至城市图像编辑窗口中的合适位置处，效果如图 11-151 所示。

图11-150 素材图像

图11-151 拖入素材图像

03 设置"图层1"图层的"混合模式"为"正片叠底"、"不透明度"为 39%，效果如图 11-152 所示。

04 展开"图层"面板，新建"图层2"图层，运用椭圆选框工具 ○，在图像右侧创建一个椭圆选区，如图 11-153 所示。

图11-152 设置图层混合模式和不透明度

图11-153 创建椭圆选区

05 按【Shift + F6】组合键,弹出"羽化选区"对话框,设置"羽化半径"为 30 像素,如图 11-154 所示,单击"确定"按钮,即可羽化选区。

图11-154 "羽化选区"对话框

07 设置前景色为黑色,按【Alt + Delete】组合键,填充颜色,如图 11-156 所示。

图11-156 填充颜色

09 设置"图层 2"图层的"不透明度"为 30%,效果如图 11-158 所示。

图11-158 设置图层不透明度

06 按【Ctrl + Shift + I】组合键,反选选区,如图 11-155 所示。

图11-155 反选选区

08 按【Ctrl + D】组合键,取消选区,如图 11-157 所示。

图11-157 取消选区

10 打开"光盘 \ 素材 \ 第 11 章 \ 文字 13.psd"素材文件,并将其拖曳至人物图像编辑窗口中的合适位置处,最终效果如图 11-159 所示。

图11-159 最终效果

第12章

老照片的特效处理

学前提示

随着时间匆匆流逝，从前美好的回忆都会变得模糊，只剩下被照相机定格下来的美好画面，但是由于保存不当，许多老照片也变得模糊和沾上了污渍等。本章专业讲解如何调整和处理老照片。

本章重点

◎ 黑白老照片处理

◎ 老照片上色处理

◎ 老照片特效处理

本章视频

12.1 黑白老照片处理

本节将详细介绍如何提亮黑白老照片、修复模糊的老照片和黑白照片的单色处理，以及修饰老照片时主要用到的工具与技巧。

实用秘技 178	↘ 修复老照片折痕
难度级别：★★★★ 关键技术：修补工具	实例解析：存放已久的黑白老照片经常容易出现折痕，通过修补工具即可很轻松的修复老照片中的折痕。下面介绍修复老照片折痕的操作方法。 素材文件：光盘\素材\第12章\人物1.jpg 效果文件：光盘\效果\第12章\修复老照片折痕.jpg 视频文件：光盘\视频\第12章\修复老照片折痕.mp4

01 在菜单栏中单击"文件"|"打开"命令，打开素材图像，如图 12-1 所示。

图12-1 素材图像

02 选取工具箱中的修补工具🔲，在折痕处创建一个选区，如图 12-2 所示。

图12-2 创建选区

03 将鼠标指针拖曳至选区内，单击鼠标左键并向图像编辑窗口的左侧拖曳，如图 12-3 所示。

图12-3 拖曳鼠标

04 执行上述操作后，释放鼠标左键，即可修复图像编辑窗口中图像的折痕，效果如图 12-4 所示。

图12-4 修复图像折痕

05 采用与上面同样的方法,在图像不同的折痕处创建选区,再将选区拖曳至相近的图像处修复,效果如图 12-5 所示。

06 新建"亮度 / 对比度 1"调整图层,展开调整面板,设置"对比度"为 22,最终效果如图 12-6 所示。

图12-5 修复图像

图12-6 最终效果

实用秘技
179

难度级别:★★★★
关键技术:"填充"对话框

↘ **修复破损老照片**

实例解析:本实例首先通过矩形选框工具和多边形套索工具在照片的破损位置处创建选区,然后使用修补工具进行修复。下面介绍修复破损老照片的操作方法。

素材文件:光盘\素材\第12章\人物2.jpg

效果文件:光盘\效果\第12章\修复破损老照片.jpg

视频文件:光盘\视频\第12章\修复破损老照片.mp4

01 在菜单栏中单击"文件"|"打开"命令,打开素材图像,如图 12-7 所示。

02 选择工具箱中的矩形选框工具 ⬚,在图像的右上角单击鼠标左键并拖曳,创建一个选区,如图 12-8 所示。

图12-7 素材图像

图12-8 创建选区

专家提醒

运用矩形选框工具配合使用【Shift】键,可建立正方形的选区。

03 选择工具箱中的修补工具 ⬚，将鼠标移动至选区内，按下鼠标左键并向图像编辑窗口的下方拖曳，修复效果如图 12-9 所示。

图12-9　修复图像

05 按【Delete】键，弹出"填充"对话框，设置"使用"为"内容识别"，如图 12-11 所示。

图12-11　"填充"对话框

04 选择工具箱中的多边形套索工具 ⬚，在图像的左下方创建一个多边形选区，如图 12-10 所示。

图12-10　创建多边形选区

06 单击"确定"按钮，即可修补选区内的图像，效果如图 12-12 所示。

图12-12　修补选区内的图像

07 采用与上面同样的方法，在照片的破损处创建不规则选区，按【Delete】键，修补图像，最终效果如图 12-13 所示。

图12-13　最终效果

↘ **平衡老照片颜色**

实例解析：年代久远的老照片表面容易出现一层泛黄的颜色，本实例首先通过"去色"命令使其恢复黑白色，然后运用"渐变映射"和"亮度\对比度"调整图层修复颜色。

素材文件：光盘\素材\第12章\人物3.jpg
效果文件：光盘\效果\第12章\平衡老照片颜色.jpg
视频文件：光盘\视频\第12章\平衡老照片颜色.mp4

01 在菜单栏中单击"文件"|"打开"命令，打开素材图像，如图12-14所示。

02 复制"背景"图层，得到"背景 副本"图层，单击菜单栏中的"图像"|"调整"|"去色"命令，去除照片颜色，效果如图12-15所示。

图12-14　素材图像

图12-15　去除照片颜色

03 新建"渐变映射1"调整图层，展开调整面板，设置渐变为黑色到白色的线性渐变，效果如图12-16所示。

04 新建"亮度/对比度1"调整图层，展开调整面板，设置"亮度"为15、"对比度"为18，最终效果如图12-17所示。

图12-16　设置线性渐变

图12-17　最终效果

专家提醒

渐变映射是作用于其下图层的一种调整控制，它可以将不同亮度映射到不同的颜色上去。渐变映射主要应用于调整原始图像的灰度细节,可加入所选的颜色。

实用秘技

181

→ **清晰显示老照片**

实例解析： 本实例首先通过"减少杂色"和"高斯模糊"命令减少照片杂点，然后调整照片的色阶等参数，增加色调的层次感。下面介绍清晰显示老照片的操作方法。

难度级别：★★★★
关键技术："减少杂色"
命令、"高斯模糊"命令

素材文件：光盘\素材\第12章\人物4.jpg

效果文件：光盘\效果\第12章\清晰显示老照片.jpg

视频文件：光盘\视频\第12章\清晰显示老照片.mp4

01 在菜单栏中单击"文件"|"打开"命令，打开素材图像，如图 12-18 所示。

02 在"图层"面板中复制"背景"图层，得到"背景 副本"图层，如图 12-19 所示。

图12-18 素材图像

图12-19 复制"背景"图层

03 单击菜单栏中的"滤镜"|"杂色"|"减少杂色"命令，弹出"减少杂色"对话框，设置其中项参数，如图 12-20 所示。

04 设置完成后，单击"确定"按钮，即可减少图像杂色，效果如图 12-21 所示。

图12-20 "减少杂色"对话框

图12-21 减少图像杂色

05 复制"背景 副本"图层,得到"背景 副本 2"图层,将复制后的图像高斯模糊 3 个像素,效果如图 12-22 所示。

图12-22 高斯模糊图像效果

06 设置"背景 副本 2"图层的"混合模式"为"柔光"、"不透明度"为28%,效果如图 12-23 所示。

图12-23 设置图层混合模式和不透明度

07 新建"色阶 1"调整图层,展开调整面板,设置其中各参数值分别为 0、0.87、235,如图 12-24 所示。

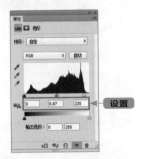

图12-24 设置"色阶"参数值

08 执行操作后,即可对图像进行色阶的调整,效果如图 12-25 所示。

图12-25 调整图像色阶

09 新建"亮度 / 对比度 1"调整图层,展开调整面板,设置"亮度"为 81、"对比度"为 33,效果如图 12-26 所示。

图12-26 调整亮度/对比度效果

10 执行操作后,即可调整图像的亮度和对比度,设置该图层的"不透明度"为 28%,最终效果如图 12-27 所示。

图12-27 最终效果

实用秘技
182

难度级别：★★★
关键技术："色彩平衡"
调整图层

➷ 处理为单色照片

实例解析：本实例首先通过"亮度\对比度"调整图层调整照片亮度，然后运用"色彩平衡"调整图层配合"颜色"图层模式将照片处理为单色。

素材文件：光盘\素材\第12章\人物5.jpg
效果文件：光盘\效果\第12章\处理为单色照片.jpg
视频文件：光盘\视频\第12章\处理为单色照片.mp4

01 在菜单栏，单击"文件"|"打开"命令，打开素材图像，如图 12-28 所示。

02 新建"亮度/对比度1"调整图层，展开调整面板，设置"亮度"为23、"对比度"为30，效果如图 12-29 所示。

图12-28　素材图像

图12-29　调整亮度/对比度效果

03 新建"色彩平衡1"调整图层，展开调整面板，设置其中各参数值分别为83、7、-90，如图 12-30 所示。

04 执行操作后，即可调整图像的色彩平衡并然后设置该图层的"混合模式"为"颜色"，最终效果如图 12-31 所示。

图12-30　设置"色彩平衡"参数值

图12-31　最终效果

12.2 老照片上色处理

本节主要介绍如何为黑白老照片进行上色处理，以及对一些有瑕疵的老照片进行修补，使这些昔日的照片重见光彩。

实用秘技 183

难度级别：★★★★
关键技术：渐变工具

↘ 更换老照片背景

实例解析：本实例首先通过渐变工具来填充照片的背景，然后加入花纹素材丰富照片的背景。下面介绍更换老照片背景的操作方法。

素材文件：光盘\素材\第12章\人物6.jpg、花纹.psd
效果文件：光盘\效果\第12章\更换老照片背景.psd
视频文件：光盘\视频\第12章\更换老照片背景.mp4

01 在菜单栏，单击"文件"|"打开"命令，打开素材图像，如图 12-32 所示。

图12-32　素材图像

03 选择工具箱中的渐变工具 ，设置线性渐变色的 RGB 参数值分别为 250、229、177，246、150、149，144、202、113，92、100、95，在图像中由左上角往右下角拖曳鼠标，填充线性渐变，效果如图 12-34 所示。

图12-34　填充线性渐变

02 展开"图层"面板，新建"图层1"图层，如图 12-33 所示。

图12-33　新建"图层1"图层

04 在"图层"面板中，设置"图层1"图层的"混合模式"为"正片叠底"、"不透明度"为 50%，效果如图 12-35 所示。

图12-35　设置图层混合模式和不透明度

05 为"图层 1"图层添加图层蒙版，运用黑色的画笔工具 ✐ 涂抹图像，隐藏部分图像，效果如图 12-36 所示。

06 打开"光盘\素材\第12章\花纹.psd"素材文件，并将其拖曳至人物图像编辑窗口中的合适位置处，效果如图 12-37 所示。

图12-36　涂抹图像1

图12-37　拖入素材图像

07 为"图层 2"图层添加图层蒙版，并运用黑色的画笔工具 ✐ 涂抹图像，隐藏部分图像，效果如图 12-38 所示。

08 在"图层"面板中，设置"图层 2"图层的"混合模式"为"正片叠底"，效果如图 12-39 所示。

图12-38　涂抹图像2

图12-39　设置图层混合模式效果

09 新建"自然饱和度 1"调整图层，展开调整面板，设置"自然饱和度"为 100，最终效果如图 12-40 所示。

图12-40　最终效果

↘ 修正老照片色差

实用秘技
184

难度级别：★★★
关键技术：矩形选框工具

实例解析：本实例首先对照片中有色差的部分填充黑色，然后通过设置图层混合模式以及调整图层进行适当的修饰，恢复色差区域。下面介绍修正老照片色差的操作方法。

素材文件：光盘\素材\第12章\欧式建筑.jpg
效果文件：光盘\效果\第12章\修正老照片色差.jpg
视频文件：光盘\视频\第12章\修正老照片色差.mp4

01 在菜单栏，单击"文件"|"打开"命令，打开素材图像，如图12-41所示。

02 新建"图层1"图层用选择工具箱中的矩形选框工具，绘制一个矩形选区，并在选区内填充黑色，效果如图12-42所示。

图12-41 素材图像

图12-42 填充黑色

03 设置"图层1"图层的"混合模式"为"叠加"、"不透明度"为90%，效果如图12-43所示。

04 为"图层1"图层添加图层蒙版，并运用黑色的画笔工具涂抹图像，隐藏部分图像，效果如图12-44所示。

图12-43 设置图层混合模式和不透明度

图12-44 涂抹图像

05 新建"亮度 / 对比度 1"调整图层，展开调整面板，设置"亮度"为 -45、"对比度"为 -20，如图 12-45 所示。

图12-45 设置"亮度/对比度"参数值

07 新建"色阶 1"调整图层，展开调整面板，设置其中各参数值分别为 5、0.80、252，如图 12-47 所示。

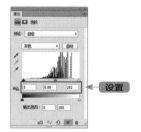

图12-47 设置"色阶"参数值

09 新建"曲线 1"调整图层，展开调整面板，设置"输出"为 65、"输入"为 51，效果如图 12-49 所示。

图12-49 调整曲线效果

06 执行操作后，即可在图像编辑窗口中调整图像的亮度和对比度，效果如图 12-46 所示。

图12-46 调整图像的亮度和对比度

08 执行操作后，即可在图像编辑窗口中调整图像色阶，效果如图 12-48 所示。

图12-48 调整图像色阶

10 选择工具箱中的画笔工具 ，设置画笔颜色为黑色，在各调整图层的图像编辑窗口左侧进行涂抹，隐藏部分图像，最终效果如图 12-50 所示。

图12-50 最终效果

实用秘技

185

难度级别：★★★★
关键技术："色彩平衡"
调整图层

↘ 增强照片局部色彩

实例解析：本实例首先运用磁性套索工具选取要上色的区域，然后通过"色彩平衡"以及"色相\饱和度"等调整图层给照片的局部进行上色。

素材文件：光盘\素材\第12章\花朵.jpg

效果文件：光盘\效果\第12章\增强照片局部色彩.jpg

视频文件：光盘\视频\第12章\增强照片局部色彩.mp4

01 在菜单栏，单击"文件"|"打开"命令，打开素材图像，如图 12-51 所示。

图12-51 素材图像

02 用选择工具箱中的磁性套索工具 ，在图像中的花朵边缘创建选区，如图 12-52 所示。

图12-52 创建选区

03 按【Shift + F6】组合键，弹出"羽化选区"对话框，设置"羽化半径"为 10 像素，单击"确定"按钮，羽化选区，效果如图 12-53 所示。

图12-53 羽化选区

04 新建"色彩平衡1"调整图层，展开调整面板，设置其中各参数值分别为100、-58、69，如图 12-54 所示。

图12-54 设置"色彩平衡"参数值

05 执行操作后，即可调整图像的色彩平衡，效果如图 12-55 所示。

图12-55 调整图像的色彩平衡

06 新建"色相 / 饱和度 1"调整图层，设置"饱和度"为 56，效果如图 12-56 所示。

图12-56 调整图像的饱和度效果

07 单击菜单栏中的"图层"|"创建剪贴蒙版"命令，为"色相 / 饱和度 1"调整图层创建剪贴蒙版，效果如图 12-57 所示。

图12-57 创建剪贴蒙版

08 设置"色相 / 饱和度 1"调整图层的"混合模式"为"强光"、"不透明度"为 85%，效果如图 12-58 所示。

图12-58 设置图层的混合模式效果

09 新建"亮度 / 对比度 1"调整图层，展开调整面板，设置"亮度"为 -5、"对比度"为 21，效果如图 12-59 所示。

图12-59 调整亮度/对比度效果

10 按【Ctrl + Shift + Alt + E】组合键，盖印图层，得到"图层 1"图层，如图 12-60 所示。

图12-60 盖印图层

11 单击菜单栏中的"滤镜"|"锐化"|"USM 锐化"命令，设置"数量"为65%、
"半径"为3.0、"阈值"为10，单击"确定"按钮，锐化图像，最终效果如图 12-61
所示。

图12-61 最终效果

<table>
<tr><td>实用秘技
186

难度级别：★★★★
关键技术："色相/饱和度"调整图层</td><td>↘ **加深老照片颜色**

实例解析：本实例首先通过"减少杂色"命令去除照片中的杂点，然后运用"亮度\对比度"和"色相\饱和度"调整图层加深老照片的颜色。

素材文件：光盘\素材\第12章\人物7.jpg

效果文件：光盘\效果\第12章\加深老照片颜色.jpg

视频文件：光盘\视频\第12章\加深老照片颜色.mp4</td></tr>
</table>

01 在菜单栏，单击"文件"|"打开"命令，打开素材图像，如图 12-62 所示。

图12-62 素材图像

02 在"图层"面板中复制"背景"图层，得到"背景 副本"图层，如图 12-63 所示。

图12-63 复制"背景"图层

03 单击菜单栏中的"滤镜"|"杂色"|"减少杂色"命令，弹出"减少杂色"对话框，设置其中各选项，如图 12-64 所示。

图12-64 "减少杂色"对话框

04 设置完成后，单击"确定"按钮，即可减少图像杂色，效果如图 12-65 所示。

图12-65 减少图像杂色

05 在"图层"面板中复制"背景 副本"图层，得到"背景 副本 2"图层，效果如图 12-66 所示。

图12-66 复制"背景 副本"图层

06 在"图层"面板中设置"背景 副本 2"图层的"混合模式"为"柔光"，效果如图 12-67 所示。

图12-67 设置图层混合模式效果

07 新建"亮度 / 对比度 1"调整图层，展开调整面板，设置"亮度"为 -5、"对比度"为 21，效果如图 12-68 所示。

图12-68 调整图像亮度/对比度效果

08 新建"色相 / 饱和度 1"调整图层，设置"饱和度"为 58，最终效果如图 12-69 所示。

图12-69 最终效果

实用秘技 **187**

难度级别：★ ★ ★ ★
关键技术："曲线"调整图层

↘ **更换老照片色调**

实例解析：本实例首先使用"色阶"等调整图层增加照片光泽，然后通过"曲线"调整图层更换老照片的色调。下面介绍更换老照片色调的操作方法。

素材文件：光盘\素材\第12章\人物8.jpg
效果文件：光盘\效果\第12章\更换老照片色调.jpg
视频文件：光盘\视频\第12章\更换老照片色调.mp4

01 在菜单栏，单击"文件"|"打开"命令，打开素材图像，如图 12-70 所示。

图12-70　素材图像

02 新建"色阶1"调整图层，展开调整面板，设置其中各参数值分别为 0、2.31、255，如图 12-71 所示。

图12-71　设置"色阶"参数值

03 执行操作后，即可调整图像编辑窗口中图像的色阶，效果如图 12-72 所示。

图12-72　调整图像色阶效果

04 新建"亮度/对比度1"调整图层，展开调整面板，设置"亮度"为 -13、"对比度"为 68，如图 12-73 所示。

图12-73　设置"亮度/对比度"参数

05 执行操作后，即可增加照片亮度，效果如图 12-74 所示。

图12-74 增加照片亮度

06 新建"曲线 1"调整图层，展开调整面板，设置"输入"为 189、"输出"为 165，如图 12-75 所示。

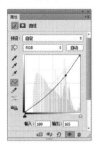

图12-75 设置"曲线"参数

07 选择"红"色调，设置"输入"为 182、"输出"为 112，如图 12-76 所示。

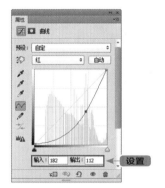

图12-76 设置"红"色调参数

08 选择"绿"色调，设置"输入"为 201、"输出"为 155，如图 12-77 所示。

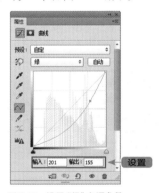

图12-77 设置"绿"色调参数

09 选择"蓝"色调，设置"输入"为 161、"输出"为 178，如图 12-78 所示。

图12-78 设置"蓝"色调参数

10 执行操作后，即可改变图像的色调，最终效果如图 12-79 所示。

图12-79 最终效果

12.3 老照片特效处理

　　本节将详细介绍如何将家中存放已久的照片，制作成各种具有艺术效果的照片，这样不仅可以带来视觉的美观，也可以让其更加具有收藏价值。

实用秘技 **188**	↘ 制作炭笔画效果
难度级别：★★★★ 关键技术："实色混合"模式	实例解析：本实例首先通过"添加杂色"和"动感模糊"命令制作出炭笔画线条，然后运用"实色混合"模式来合成图像效果。下面介绍制作炭笔画效果的操作方法。
	素材文件：光盘\素材\第12章\山水.jpg
	效果文件：光盘\效果\第12章\制作炭笔画效果.jpg
	视频文件：光盘\视频\第12章\制作炭笔画效果.mp4

01 在菜单栏，单击"文件"|"打开"命令，打开素材图像，如图 12-80 所示。

图12-80　素材图像

02 单击"图层"面板底部的"创建新图层"按钮 □，新建"图层 1"图层，如图 12-81 所示。

图12-81　新建"图层1"图层

03 设置前景色为白色，按【Alt + Delete】组合键，填充颜色，效果如图 12-82 所示。

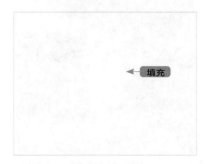

图12-82　填充颜色

04 单击菜单栏中的"滤镜"|"杂色"|"添加杂色"命令，弹出"添加杂色"对话框，效果如图 12-83 所示。

图12-83　"添加杂色"对话框

05 选中"单色"复选框,设置"数量"为68,再选中"高斯模糊"单按钮,单击"确定"按钮,添加杂色效果如图 12-84 所示。

图12-84　添加杂色效果

07 设置"角度"为90、"距离"为75,单击"确定"按钮,效果如图 12-86 所示。

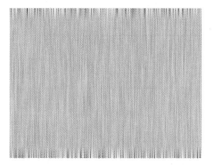

图12-86　应用"动感模糊"滤镜效果

09 按【Ctrl + Shift + Alt + E】组合键,盖印图层,得到"图层 2"图层,如图 12-88 所示。

图12-88　盖印图层

06 单击菜单栏中的"滤镜"|"模糊"|"动感模糊"命令,弹出"动感模糊"对话框,如图 12-85 所示。

图12-85　"动感模糊"对话框

08 设置"图层 1"图层的"混合模式"为"实色混合",如图 12-87 所示。

图12-87　设置图层混合模式效果

10 设置"图层 2"图层的"混合模式"为"正片叠底",最终效果如图 12-89 所示。

图12-89　最终效果

实用秘技
189

→ 制作发黄老照片

实例解析：本实例主要使用黄色的填充图层，配合"颜色加深"混合模式为老照片添加颜色。下面介绍制作发黄老照片的操作方法。

难度级别：★★★
关键技术："颜色加深"模式

素材文件：光盘\素材\第12章\古庙.jpg
效果文件：光盘\效果\第12章\制作发黄老照片.jpg
视频文件：光盘\视频\第12章\制作发黄老照片.mp4

01 在菜单栏，单击"文件"|"打开"命令，打开素材图像，如图 12-90 所示。

图12-90　素材图像

02 展开"图层"面板，新建"图层 1"图层，如图 12-91 所示。

图12-91　新建"图层1"图层

03 设置前景色的 RGB 参数值为 190、143、0，按【Alt + Delete】组合键，填充颜色，效果如图 12-92 所示。

图12-92　填充颜色

04 设置"图层 1"图层的"混合模式"为"颜色加深"、"不透明度"为 50%，最终效果如图 12-93 所示。

图12-93　最终效果

专家提醒

"颜色加深"模式相当于将图片应用了"正片叠底"模式后，又应用了"亮度 / 饱和度"命令，结果是增大反差并降低亮度。

实用秘技
190

难度级别：★★★★★
关键技术："查找边缘"
命令

↘ 制作彩笔画效果

实例解析：本实例主要运用"查找边缘"和"照亮边缘"滤镜，并配合"滤色"图层模式为老照片制作出彩笔画效果。下面介绍制作彩笔画效果的操作方法。

素材文件：光盘\素材\第12章\小桥.jpg
效果文件：光盘\效果\第12章\制作彩笔画效果.jpg
视频文件：光盘\视频\第12章\制作彩笔画效果.mp4

01 在菜单栏，单击"文件"|"打开"命令，打开素材图像，如图 12-94 所示。

图12-94　素材图像

02 按【Ctrl + J】组合键复制"背景"图层，得到"图层 1"图层，如图 12-95 所示。

图12-95　复制"背景"图层

03 单击菜单栏中的"滤镜"|"风格化"|"查找边缘"命令，查找边缘效果如图 12-96 所示。

图12-96　查找边缘效果

04 设置"图层 1"图层的"混合模式"为"叠加"，效果如图 12-97 所示。

图12-97　设置图层混合模式效果

专家提醒

"风格化"滤镜可以通过置换像素、查找及增加图像对比度的方法对图像的操作区域进行处理。

05 按【Ctrl + Shift + Alt + E】组合键，盖印图层，得到"图层2"图层，效果如图 12-98 所示。

图12-98　盖印图层

06 单击菜单栏中的"滤镜"|"风格化"|"照亮边缘"命令，如图 12-99 所示。

图12-99　单击"照亮边缘"命令

07 执行操作后，弹出"照亮边缘"对话框，如图 12-100 所示。

图12-100　"照亮边缘"对话框

08 设置"边缘宽度"为 3、"边缘亮度"为 4、"平滑度"为 9，如图 12-101 所示。

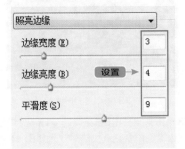

图12-101　设置"照亮边缘"参数

09 单击"确定"按钮，即可应用"照亮边缘"滤镜，效果如图 12-102 所示。

图12-102　应用"照亮边缘"滤镜效果

10 设置"图层2"图层的"混合模式"为"滤色"、"不透明度"为 80%，最终效果如图 12-103 所示。

图12-103　最终效果

实用秘技

191

难度级别：★★★★★

关键技术："斜面和浮雕"、"投影"以及"图案叠加"图层样式

↘ 制作褶皱老照片

实例解析：本实例首先调整照片的色彩度，然后加入皱纹素材图像，并配合"正片叠底"图层模糊老合成图像效果。下面介绍制作褶皱老照片的操作方法。

素材文件：光盘\素材\第12章\人物9.jpg、皱纹.jpg

效果文件：光盘\效果\第12章\制作褶皱老照片.jpg

视频文件：光盘\视频\第12章\制作褶皱老照片.mp4

01 单击菜单栏中的"文件"|"打开"命令，打开素材图像，如图 12-104 所示。

02 新建"亮度 / 对比度 1"调整图层，展开"亮度 / 对比度"调整面板，设置"亮度"为 23，效果如图 12-105 所示。

图12-104 素材图像

图12-105 调整亮度/对比度效果

03 新建"色阶 1"调整图层，展开"色阶"调整面板，设置其中各参数分别为 22、1.18、255，调整图像色阶，效果如图 12-106 所示。

04 新建"色彩平衡 1"调整图层，展开"色彩平衡"调整面板，并设置其中各参数值分别为 -20、20、-39，如图 12-107 所示。

图12-106 调整图像色阶效果

图12-107 设置"色彩平衡"参数

05 在"色彩平衡"调整面板中，选择"阴影"色调，设置其中各参数分别为 6、-17、-17，如图 12-108 所示。

06 在"色彩平衡"调整面板中，选择"高光"色调，设置其中各参数分别为 -36、-13、31，如图 12-109 所示。

图12-108 设置"阴影"色调参数

图12-109 设置"高光"色调参数

07 执行操作后，即可调整图像编辑窗口中图像的色彩平衡，效果如图 12-110 所示。

08 打开"光盘\素材\第 12 章\皱纹 .jpg"素材文件，并将其拖曳至人物图像编辑窗口中，如图 12-111 所示。

图12-110 调整色彩平衡效果

图12-111 拖入素材图像1

09 设置"图层 1"图层的"混合模式"为"正片叠底"、"不透明度"为 77%，效果如图 12-112 所示。

10 为"图层 1"图层添加图层蒙版，运用黑色的画笔工具 ✍ 在图像编辑窗口中人物的脸部涂抹，效果如图 12-113 所示。

图12-112 设置图层混合模式和不透明度

图12-113 涂抹图像

11 打开"光盘\素材\第12章\相框.psd"素材文件，并将其拖曳至人物图像编辑窗口中，如图12-114所示。

图12-114　拖入素材图像2

13 在"图层样式"对话框左侧选中"投影"复选框，切换至"投影"选项页，并设置"距离"为2、"大小"为2，如图12-116所示。

图12-116　设置"投影"选项页

15 执行操作后，单击"确定"按钮，即可为图像编辑窗口中的相框添加图层样式，效果如图12-118所示。

图12-118　添加图层样式

12 双击"图层2"图层，弹出"图层样式"对话框，选中"斜面和浮雕"复选框，保持默认设置，如图12-115所示。

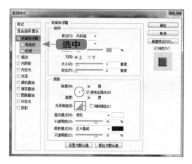

图12-115　选中"斜面和浮雕"复选框

14 在"图层样式"对话框左侧选中"图案叠加"复选框，切换至"图案叠加"选项页，并设置其中各选项，如图12-117所示。

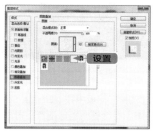

图12-117　设置"图案叠加"选项页

16 新建"亮度/对比度2"调整图层，展开调整面板，设置"亮度"为23、"对比度"为-28，最终效果如图12-119所示。

图12-119　最终效果

↘ 制作怀旧老照片

实例解析：本实例主要通过"添加杂色"和"颗粒"滤镜，为图像添加充满沧桑感的线条。下面介绍制作怀旧老照片的操作方法。

素材文件：光盘\素材\第12章\古镇.jpg
效果文件：光盘\效果\第12章\制作怀旧老照片.jpg
视频文件：光盘\视频\第12章\制作怀旧老照片.mp4

01 单击菜单栏中的"文件"|"打开"命令，打开素材图像，如图 12-120 所示。

02 新建"色彩平衡 1"调整图层，展开"色彩平衡"调整面板，设置各选项分别为 51、0、-78，效果如图 12-121 所示。

图12-120　素材图像

图12-121　调整色彩平衡效果

03 在"图层"面板中按【Ctrl + Shift + Alt + E】组合键，盖印图层，得到"图层 1"图层，如图 12-122 所示。

04 单击菜单栏中的"滤镜"|"杂色"|"添加杂色"命令，弹出"添加杂色"对话框，设置"数量"为8，选中"平均分布"单按钮和"单色"复选框，如图 12-123 所示。

图12-122　盖印图层

图12-123　设置"添加杂色"参数

05 执行操作后，单击"确定"按钮，即可为图像编辑窗口中的图像应用"添加杂色"滤镜，效果如图 12-124 所示。

图12-124 应用"添加杂色"滤镜效果

07 单击菜单栏中的"滤镜"|"纹理"|"颗粒"命令，弹出"颗粒"对话框，设置"强度"为 58、"对比度"为 50、"颗粒类型"为"垂直"，如图 12-126 所示。

图12-126 设置"颗粒"参数

09 在"图层"面板中设置"图层 1 副本"图层的"不透明度"为 50%，效果如图 12-128 所示。

图12-128 设置图层不透明度效果

06 按【Ctrl + J】组合键，复制"图层 1"图层，得到"图层 1 副本"图层，如图 12-125 所示。

图12-125 复制"图层1"图层

08 单击"确定"按钮，即可添加"颗粒"滤镜，效果如图 12-127 所示。

图12-127 添加"颗粒"滤镜效果

10 新建"色相/饱和度 1"调整图层，展开"色相/饱和度"调整面板，设置各参数值分别为 6、31、-11，如图 12-129 所示。

图12-129 设置"色相/饱和度"参数

11 执行操作后，即可调整图像的色相／饱和度，效果如图 12-130 所示。

12 新建"亮度／对比度 1"调整图层，展开"亮度／对比度"调整面板，设置"亮度"为 28、"对比度"为 21，效果如图 12-131 所示。

图12-130　调整图像的色相/饱和度效果

图12-131　调整亮度/对比度效果

13 新建"色阶 1"调整图层，展开"色阶"调整面板，设置其中各参数值分别为 0、0.76、255，最终效果如图 12-132 所示。

图12-132　最终效果

案例实战篇

第13章

写真照片特效处理

学前提示

写真照片的艺术特效制作是 Photoshop 处理的亮点之一，独特的创意带来的视觉突破也决定着画面的美观和特色。本章运用 Photoshop 完成一些独特的艺术效果，让写真照片效果更加完美。

本章重点

◎ 制作水彩人像画

◎ 制作墙中美女

◎ 制作浪漫雪景

◎ 制作古典美女

本章视频

实用秘技

193

↘ 制作水彩人像画

难度级别：★★★★★
关键技术："艺术效果"
滤镜组

实例解析：在Photoshop CS6中，"艺术效果"滤镜组可以模仿自然或传统介质的效果，使得图像呈现出不同的状态和图像效果。下面介绍制作水彩人像画的操作方法。

素材文件：光盘\素材\第13章\画板.jpg、人物1.jpg
效果文件：光盘\效果\第13章\制作水彩人像画.jpg
视频文件：光盘\视频\第13章\制作水彩人像画.mp4

01 在菜单栏中单击"文件"|"打开"命令，打开素材图像，如图13-1所示。

02 打开"光盘\素材\第13章\人物1.jpg"素材图像，并将其拖曳至画板图像编辑窗口中，如图13-2所示。

图13-1 素材图像

图13-2 拖入素材图像

03 复制"图层1"图层，得到"图层1副本"图层，如图13-3所示。

04 单击菜单栏中的"图层"|"智能对象"|"转换为智能对象"命令，将图层转换为智能对象，如图13-4所示。

图13-3 复制"图层1"图层

图13-4 将图层转换为智能对象

05 单击菜单栏中的"滤镜"|"模糊"|"特殊模糊"命令，弹出"特殊模糊"对话框，设置"半径"为35.8、"阈值"为48.6、"品质"为"中"，如图13-5所示。

图13-5　设置"特殊模糊"参数

07 单击菜单栏中的"滤镜"|"艺术效果"|"水彩"命令，弹出"水彩"对话框，设置"画笔细节"为14、"阴影强度"为0、"纹理"为1，如图13-7所示。

图13-7　设置"水彩"参数

09 新建"色相/饱和度1"调整图层，展开"调整"面板，设置"饱和度"为31，如图13-9所示。

图13-9　设置"色相/饱和度"参数

06 设置完成后，单击"确定"按钮，即可模糊图像，效果如图13-6所示。

图13-6　模糊图像效果

08 设置完成后，单击"确定"按钮，即可应用"水彩"滤镜，效果如图13-8所示。

图13-8　应用"水彩"滤镜效果

10 选择"图层1"、"图层1副本"以及"色相/饱和度1"图层，按【Ctrl + Alt + E】组合键，合并图层，得到"色相/饱和度1（合并）"图层，如图13-10所示。

图13-10　合并图层

11 单击菜单栏中的"滤镜"|"纹理"|"纹理化"命令，弹出"纹理化"对话框，设置"纹理"为"画布"、"缩放"为110%、"凸显"为4，如图13-11所示。

12 设置完成后，单击"确定"按钮，即可添加"纹理化"滤镜，效果如图13-12所示。

图13-11 设置"纹理化"参数

图13-12 添加"纹理化"滤镜效果

13 设置"色相/饱和度1（合并）"图层的"不透明度"为50%，并隐藏除"背景"和"色相/饱和度1（合并）"图层外的所有图层，效果如图13-13所示。

14 运用钢笔工具，在图像编辑窗口中创建闭合路径，按【Ctrl + Enter】组合键，将路径转换为选区，效果如图13-14所示。

图13-13 设置不透明度效果

图13-14 将路径转换为选区

15 单击"图层"面板底部的"添加图层蒙版"按钮，并运用黑色的画笔工具涂抹下方的水彩笔图像，效果如图13-15所示。

16 在"图层"面板中，设置"色相/饱和度1（合并）"图层的"不透明度"为100%，其最终效果如图13-16所示。

图13-15 涂抹图像

图13-16 最终效果

实用秘技
194

难度级别：★★★★
关键技术：魔棒工具

↘ **制作墙中美女**

实例解析：在Photoshop CS6中，魔棒工具使用户可以选择颜色一致的区域，而不必跟踪其轮廓，常用来进行抠图或合成操作。下面介绍制作墙中美女的操作方法。

素材文件：光盘\素材\第13章\人物2.jpg、墙壁.jpg
效果文件：光盘\效果\第13章\制作墙中美女.jpg
视频文件：光盘\视频\第13章\制作墙中美女.mp4

01 在菜单栏中单击"文件"|"打开"命令，打开素材图像，如图13-17所示。

图13-17　素材图像

02 打开"光盘\素材\第13章\墙壁.jpg"素材图像，并将其拖曳至人物图像编辑窗口中，如图13-18所示。

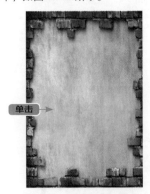

图13-18　拖入素材图像

03 选择工具箱中的魔棒工具，在工具属性栏中设置"容差"为50，多次单击墙壁图像中的残缺部分，创建选区，效果如图13-19所示。

图13-19　创建选区

04 按【Delete】键删除部分图像，按【Ctrl+D】组合键取消选区，新建"色相/饱和度1"调整图层，设置"饱和度"为26，最终效果如图13-20所示。

图13-20　最终效果

实用秘技	↘ 制作漫浪雪景
195	实例解析：在Photoshop CS6中，图层混合模式用于控制图层之间像素颜色相互融合的效果，不同的混合模式会得到不同的效果。下面介绍制作浪漫雪景的操作方法。
难度级别：★★★★★	素材文件：光盘\素材\第13章\风景1.jpg、柳枝.jpg等
关键技术："柔光"模式	效果文件：光盘\效果\第13章\制作浪漫雪景.jpg
	视频文件：光盘\视频\第13章\制作浪漫雪景.mp4

01 在菜单栏中单击"文件"|"打开"命令，打开素材图像，如图 13-21 所示。

图13-21　素材图像

02 采用同样的方法，打开"光盘\素材\第13章\柳枝.jpg"素材图像，将其拖曳至"风景1"图像编辑窗口中，并设置该图层的"混合模式"为"柔光"，效果如图 13-22 所示。

图13-22　设置图层混合模式效果

03 打开"光盘\素材\第13章\雪花.psd"素材文件，将其拖曳至"风景1"图像编辑窗口中，效果如图 13-23 所示。

图13-23　拖入雪花素材

04 打开"光盘\素材\第13章\人物3.psd"素材文件，将其拖曳至"风景1"图像编辑窗口中雪花图层的下方，得到的最终效果如图 13-24 所示。

图13-24　最终效果

专家提醒

使用"柔光"混合模式时，如果选择的图像颜色超过 50% 的灰色，则下方图像颜色会变暗，反之则变亮。

实用秘技

196

难度级别：★ ★ ★ ★ ★
关键技术："通道混合器"调整图层

↘ 制作古典美女

实例解析：本实例首先调整图像的颜色以改变照片的气氛，然后通过调整图像的细节并添加相应的文字，增强照片的古典效果。下面介绍制作古典美女的操作方法。

素材文件：光盘\素材\第13章\人物4.jpg 、文字.psd
效果文件：光盘\效果\第13章\制作古典美女.jpg
视频文件：光盘\视频\第13章\制作古典美女.mp4

01 在菜单栏中单击"文件"|"打开"命令，打开素材图像，如图13-25所示。

图13-25 素材图像

02 新建"通道混合器1"调整图层，在"输出通道"列表框中选择"红"通道，设置其中各参数分别为99、9、12，如图13-26所示。

图13-26 设置"红"通道参数

03 在"输出通道"列表框中选择"绿"通道，设置其中各参数分别为3、99、12，如图13-27所示。

04 执行操作后，即可调整图像的色调，效果如图13-28所示。

图13-27 设置"绿"通道参数

图13-28 调整图像的色调

05 新建"通道混合器 2"调整图层，在"输出通道"列表框中选择"红"通道，设置其中各参数分别为 118、20、28，如图 13-29 所示。

图13-29 设置"红"通道参数

07 运用黑色的画笔工具 ✐，设置"不透明度"为 70%，在人物图像部分进行涂抹，效果如图 13-31 所示。

图13-31 涂抹图像1

09 执行操作后，即可增强画面的对比度，效果如图 13-33 所示。

图13-33 增强画面的对比度

06 执行操作后，即可加深图像的"红"色调，效果如图 13-30 所示。

图13-30 加深图像的"红"色调

08 新建"色阶 1"调整图层，展开调整面板，设置其中各参数值分别为 25、1.49、240，如图 13-32 所示。

图13-32 设置"色阶"参数

10 运用黑色的画笔工具 ✐，设置"不透明度"为 70%，在背景图像部分进行涂抹，效果如图 13-34 所示。

图13-34 涂抹图像2

11 按【Ctrl + Shift + Alt + E】组合键，盖印图层，得到"图层1"图层，如图13-35 所示。

图13-35　盖印图层

13 单击"确定"按钮，即可调整图像的细节，效果如图13-37 所示。

图13-37　调整图像的细节

15 单击菜单栏中的"滤镜"|"扭曲"|"扩散亮光"命令，弹出"扩散亮光"对话框，设置"粒度"为6、"发光量"为10、"清除数量"为15，如图13-39 所示。

图13-39　设置"扩散亮光"参数

12 单击菜单栏中的"滤镜"|"其他"|"最小值"命令，弹出"最小值"对话框，设置"半径"为1像素，如图13-36 所示。

图13-36　"最小值"对话框

14 复制"图层1"图层，得到"图层1副本"图层，效果如图13-38 所示。

图13-38　复制"图层1"图层

16 单击"确定"按钮，即可调整图像的朦胧效果，如图13-40 所示。

图13-40　调整图像的朦胧效果

17 设置"图层 1 副本"图层的"不透明度"为 50%，添加图层蒙版，并运用黑色的画笔工具 ✎，在人物面部和画面边角处进行涂抹，效果如图 13-41 所示。

图13-41　涂抹图像3

18 打开"光盘 \ 素材 \ 第 13 章 \ 文字 .psd"素材文件，并将其拖曳至人物图像编辑窗口中的合适位置处，最终效果如图 13-42 所示。

图13-42　最终效果

专家提醒

　　"最小值"和"最大值"滤镜对于修改蒙版非常有用。"最大值"滤镜有应用阻塞的效果：展开白色区域和阻塞黑色区域。"最小值"滤镜有应用伸展的效果：展开黑色区域和收缩白色区域。与"中间值"滤镜一样，"最大值"和"最小值"滤镜针对选区中的单个像素。在指定半径内，"最大值"和"最小值"滤镜用周围像素的最高或最低亮度值替换当前像素的亮度值。

第14章

家庭照片特效处理

学前提示

如今购买数码相机的用户越来越多，将生活中的点点滴滴拍摄记录下来，自己动手将设计的画面应用到家庭生活中的每个细节，使生活变得越来越五彩缤纷、多姿多彩，体现独一无二的个性。

本章重点

◎ 制作个性服装
◎ 制作个性信纸
◎ 制作可爱涂鸦
◎ 制作儿童相册

本章视频

实用秘技

197

→ **制作个性服装**

实例解析：在Photoshop CS6中，使用"阈值"命令并配合"正片叠底"图层模式，可以制作出各种有趣的合成效果。下面介绍制作个性服装的操作方法。

难度级别：★★★★

关键技术："阈值"命令

| 素材文件：光盘\素材\第14章\头像.jpg、人物1.jpg |
| 效果文件：光盘\效果\第14章\制作个性服装.jpg |
| 视频文件：光盘\视频\第14章\制作个性服装.mp4 |

01 在菜单栏中单击"文件" | "打开"命令，打开素材图像，如图 14-1 所示。

图14-1 素材图像

02 单击菜单栏中的"文件" | "置入"命令，弹出"置入"对话框，选择所需置入的"头像.jpg"素材文件，如图 14-2 所示。

图14-2 选择所需置入的素材文件

03 单击"置入"按钮，即可置入所选择的文件，如图 14-3 所示。

图14-3 置入图像

04 适当地调整图像的大小、形状和位置，按【Enter】键确认，效果如图 14-4 所示。

图14-4 调整图像

05 展开"图层"面板，置入的图像为智能对象，单击菜单栏中的"图层"|"栅格化"|"智能对象"命令，将图层栅格化，转换为普通图层，如图 14-5 所示。

图14-5　栅格化图层

06 复制"头像"图层，并隐藏所复制的图层，选择"头像"图层，如图 14-6 所示。

图14-6　选择"头像"图层

07 单击菜单栏中的"图像"|"调整"|"阈值"命令，弹出"阈值"对话框，设置"阈值"为 156，如图 14-7 所示。

图14-7　"阈值"对话框

08 单击"确定"按钮，执行"阈值"命令，效果如图 14-8 所示。

图14-8　执行阈值命令

09 设置"头像"图层的"混合模式"为"正片叠底"，效果如图 14-9 所示。

图14-9　设置图层混合模式效果

10 在"图层"面板中显示并选择"头像 副本"图层，如图 14-10 所示。

图14-10　选择"头像 副本"图层

11 单击菜单栏中的"图像"|"调整"|"阈值"命令,弹出"阈值"对话框,设置"阈值"为128,如图 14-11 所示。

12 单击"确定"按钮,执行阈值命令,设置"头像 副本"图层的"混合模式"为"正片叠底",最终效果如图14-12 所示。

图14-11 设置"阈值"参数

图14-12 最终效果

实用秘技

198

难度级别: ★★★★★
关键技术: "波纹"命令

↘ 制作个性信纸

实例解析: 本实例以浅黄色调为主, 以小猫头像为主体, 制作了可爱的信纸。画面冷暖色调对比鲜明, 整体色彩淡雅有趣。下面介绍制作个性信纸的操作方法。

素材文件: 光盘\素材\第14章\小猫.jpg、文字.psd
效果文件: 光盘\效果\第14章\制作个性信纸.jpg
视频文件: 光盘\视频\第14章\制作个性信纸.mp4

01 在菜单栏中单击"文件"|"打开"命令,打开素材图像,如图 14-13 所示。

02 新建"色相/饱和度1"调整图层,设置"饱和度"为37,如图 14-14 所示。

图14-13 素材图像

图14-14 设置"色相/饱和度"参数

03 行操作后，即可调整画面的饱和度，效果如图 14-15 所示。

图14-15　调整画面的饱和度

05 选取工具箱中的渐变工具 ▣，在图像上填充白色到透明的径向渐变，效果如图 14-17 所示。

图14-17　填充径向渐变

07 为"背景 副本"图层添加图层蒙版，并运用黑色的画笔工具 ✐ 涂抹小猫图像的背景，效果如图 14-19 所示。

图14-19　涂抹图像1

04 新建"图层 1"图层，设置前景色为淡黄色（RGB 参数值为 240、237、219），按【Alt + Delete】组合键，填充颜色，效果如图 14-16 所示。

图14-16　填充颜色

06 复制"背景"图层，得到"背景 副本"图层，并将其拖曳至"图层 1"图层的上方，调整图层顺序，如图 14-18 所示。

图14-18　调整图层顺序

08 复制"背景 副本"图层，得到"背景副本 2"图层，适当地调整图像的大小和位置，效果如图 14-20 所示。

图14-20　调整图像1

09 在"图层"面板中，设置"背景 副本"图层的"不透明度"为25%，效果如图14-21所示。

图14-21 调整不透明度

11 选取工具箱中的直线工具 ✏ ，在其工具属性栏中选择"像素"选项，并设置"粗细"为2像素，按住【Shift】键的同时，在图像编辑窗口中的合适位置拖曳鼠标，绘制出一个线段，效果如图14-23所示。

图14-23 绘制线段

13 单击"确定"按钮，应用"波纹"滤镜，效果如图14-25所示。

图14-25 应用"波纹"滤镜效果

10 设置前景色为淡蓝色（RGB参数值为194、220、247），在"图层"面板中新建"图层2"图层，如图14-22所示。

图14-22 新建"图层2"图层

12 单击菜单栏中的"滤镜"|"扭曲"|"波纹"命令，弹出"波纹"对话框，设置"数量"为90%、"大小"为"大"，如图14-24所示。

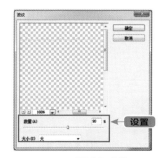

图14-24 "波纹"对话框

14 按住【Ctrl】键的同时，在"图层"面板中的"图层2"图层缩览图上单击鼠标左键，将其载入选区，如图14-26所示。

图14-26 载入选区

15 单击"图层"面板右上角的三角按钮，在弹出的面板菜单中选择"复制图层"选项，得到"图层 2 副本"图层，如图 14-27 所示。

图14-27　复制图层

17 按【Ctrl + Shift + Alt + T】组合键向下复制图像，并按【Ctrl + D】组合键，取消选区，并合并所复制的图层，效果如图 14-29 所示。

图14-29　复制图像

19 选取工具箱中的自定形状工具 💐，在工具属性栏中选择"爪印（猫）"形状，并在图像上绘制白色的图形，效果如图 14-31 所示。

图14-31　绘制图形

16 按【Ctrl + T】组合键，调出变换控制框，调整图像至合适大小及位置，效果如图 14-28 所示。

图14-28　调整图像2

18 为"图层 2"图层添加图层蒙版，运用黑色的画笔工具 ✎，涂抹左下角的小猫图像，效果如图 14-30 所示。

图14-30　涂抹图像2

20 打开"光盘 \ 素材 \ 第 14 章 \ 文字 .psd"素材文件，并将其拖曳至小猫图像编辑窗口中的合适位置处，最终效果如图 14-32 所示。

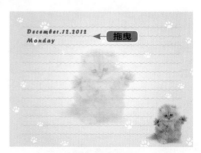

图14-32　最终效果

实用秘技

199

难度级别：★★★★
关键技术："可选颜色"
调整图层

↘ 添加可爱涂鸦

实例解析：为生活中拍摄的小动物图像添加可爱的涂鸦效果，可以为画面营造出轻松、活泼的氛围，从而增强图像的生命力，使画面更加生动。

素材文件：光盘\素材\第14章\小狗.jpg、涂鸦.psd

效果文件：光盘\效果\第14章\制作可爱涂鸦.jpg

视频文件：光盘\视频\第14章\制作可爱涂鸦.mp4

01 在菜单栏中单击"文件"|"打开"命令，打开素材图像，如图 14-33 所示。

02 新建"可选颜色 1"调整图层，设置"颜色"为"红色"，并设置其中各参数值分别为 -65、0、0、0，效果如图 14-34 所示。

图14-33 素材图像

图14-34 设置"可选颜色"参数

03 设置"颜色"为"洋红"，并设置其中各参数值分别为 -60、55、-86、39，即可调整画面色调，效果如图 14-35 所示。

04 打开"光盘\素材\第14章\涂鸦.psd"素材文件，将其拖曳至小狗图像编辑窗口中的合适位置处，最终效果如图 14-36 所示。

图14-35 调整画面色调效果

图14-36 最终效果

实用秘技

200

难度级别：★★★★
关键技术：魔术橡皮擦工具

→ **制作儿童相册**

实例解析：在Photoshop CS6中，使用魔术橡皮擦工具在图像中单击，可以擦除图像中与单击处颜色相近的像素，从而达到合成图像的效果。下面介绍制作儿童相册的操作方法。

素材文件：光盘\素材\第14章\儿童.jpg、相册.jpg

效果文件：光盘\效果\第14章\制作儿童相册.jpg

视频文件：光盘\视频\第14章\制作儿童相册.mp4

01 在菜单栏中单击"文件"｜"打开"命令，打开素材图像，如图 14-37 所示。

图14-37　素材图像

02 选取工具箱中的魔术橡皮擦工具 ，在工具属性栏中设置"容差"为 5，选中"连续"复选框，如图 14-38 所示。

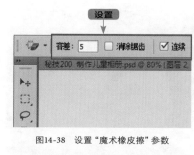

图14-38　设置"魔术橡皮擦"参数

03 在图像上单击鼠标左键，即可看到擦除后的效果，同时"图层"面板中的"背景"图层将自动变成"图层 0"图层，如图 14-39 所示。

图14-39　擦除图像效果

04 开"光盘\素材\第14章\儿童.jpg"素材图像，并将其拖曳至相册图像编辑窗口中，如图 14-40 所示。

图14-40　拖入素材图像

专家提醒

橡皮擦工具的模式包括画笔模糊、铅笔模式和块模式。

05 展开"图层"面板,将"图层 0"图层拖曳至"图层 1"的上方,调整图层顺序,效果如图 14-41 所示。

图14-41 调整图层顺序效果

06 新建"色彩平衡 1"调整图层,展开调整面板,设置其中各参数值分别为 50、0、-26,效果如图 14-42 所示。

图14-42 调整色彩平衡效果

07 单击菜单栏中的"图层"|"创建剪贴蒙版"命令,创建剪贴蒙版,效果如图 14-43 所示。

图14-43 创建剪贴蒙版效果

08 新建"亮度 / 对比度 1"调整图层,展开调整面板,设置"对比度"为 28,最终效果如图 14-44 所示。

图14-44 最终效果

专家提醒

在擦除过程中,随时可以释放鼠标,然后再按住拖动进行擦除,这样不会影响到擦除效果。

第15章

工作照片特效处理

学前提示

　　对于 Office 工作一族来说，严谨、庄重、沉稳是他们的象征，但压力也随之而来，若将各种艺术照片或个人写真应用于工作中，不仅可以减轻工作时的压抑氛围，也可以增添工作的乐趣，如时尚的日历、个性胸卡、CD 唱片封面等。

本章重点

◎　制作电脑桌面
◎　制作唱片封面
◎　制作个性胸牌
◎　制作艺术挂历

本章视频

↘ 制作电脑桌面

实用秘技

201

难度级别：★ ★ ★ ★ ★
关键技术："云朵"笔刷

实例解析：本实例通过柔化建筑物的边缘，并结合云朵笔刷为天空添加云朵，从而营造出建筑在天空中若隐若现的感觉，将其作为电脑桌面，显得精美而有创意。

素材文件：光盘\素材\第15章\云朵.jpg、建筑.jpg
效果文件：光盘\效果\第15章\制作电脑桌面.jpg
视频文件：光盘\视频\第15章\制作电脑桌面.mp4

01 在菜单栏中单击"文件"|"打开"命令，打开素材图像，如图 15-1 所示。

图15-1 素材图像

03 选择工具箱中的魔棒工具 ![魔棒]，在工具属性栏中设置"容差"为 30，在建筑天空上单击鼠标左键，选取天空图像，然后反选选区，如图 15-3 所示。

图15-3 反选选区

02 打开"光盘\素材\第15章\建筑.jpg"素材图像，并将其拖至云朵图像编辑窗口中的合适位置处，效果如图 15-2 所示。

图15-2 拖入素材图像1

04 单击"图层"面板底部的"添加矢量蒙版"按钮 ![按钮]，添加图层蒙版，并运用黑色的画笔工具 ![画笔]涂抹图像，效果如图 15-4 所示。

图15-4 涂抹图像效果

专家提醒

矢量蒙版可在图层上创建锐边形状，无论何时需要添加边缘清晰分明的设计元素，都可以使用矢量蒙版。

05 新建"可选颜色 1"调整图层，展开调整面板，设置"颜色"为"中性色"，并设置其中各参数值分别为 -55%、0、100%、0，如图 15-5 所示，即可调整画面色调。

图15-5 设置"可选颜色"参数

07 新建"图层 2"图层，选择工具箱中的画笔工具 🖌，在画笔工具属性栏中选择"云朵"笔刷，在图像上绘制云朵图像，效果如图 15-7 所示。

绘制

图15-7 绘制云朵图像

09 设置"光芒"图层的"混合模式"为"柔光"，效果如图 15-9 所示。

图15-9 设置图层混合模式效果

06 单击菜单栏中的"图层"|"创建剪贴蒙版"命令，隐藏部分图像效果，如图 15-6 所示。

图15-6 隐藏部分图像效果

08 打开"光盘\素材\第15章\光芒.psd"素材图像，并将其拖至云朵图像编辑窗口中的合适位置处，效果如图 15-8 所示。

拖曳

图15-8 拖入素材图像2

10 用户可根据个人爱好，将制作好的图像作为电脑桌面，最终效果如图 15-10 所示。

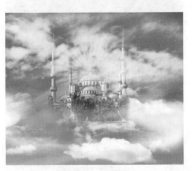

图15-10 最终效果

实用秘技

202

↘ 制作唱片封面

难度级别：★★★★
关键技术："颜色填充"
调整图层

实例解析：本实例对照片按照一定比例进行裁剪，然后通过调整照片色调并添加相应文字的方式，增强照片的CD封面效果。下面介绍制作唱片封面的操作方法。

素材文件：光盘\素材\第15章\牵手.jpg、文字.psd
效果文件：光盘\效果\第15章\制作唱片封面.jpg
视频文件：光盘\视频\第15章\制作唱片封面.mp4

01 在菜单栏中单击"文件"|"打开"命令，打开素材图像，如图15-11所示。

图15-11 素材图像

03 执行操作后，即可调整画面色阶，效果如图15-13所示。

图15-13 调整画面色阶

02 新建"色阶1"调整图层，展开调整面板，设置其中各参数值分别为0、1.08、255，如图15-12所示。

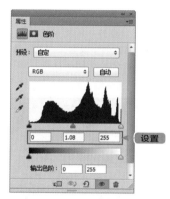

图15-12 设置"色阶"参数

04 新建"色彩平衡1"调整图层，展开调整面板，设置其中各参数值分别为-81、-49、-100，如图15-14所示。

图15-14 设置"色彩平衡"参数

05 执行操作后，即可调整画面色彩，效果如图 15-15 所示。

图15-15　调整画面色彩

07 选择工具箱中的矩形选框工具 ⬚ ，在工具属性栏中设置"羽化"为 30，在画面中创建一个矩形选区，如图 15-17 所示。

创建

图15-17　创建矩形选区

09 按【Ctrl + D】组合键，取消选区，效果如图 15-19 所示。

图15-19　取消选区

06 单击"图层"面板底部的"创建新的填充或调整图层"按钮 ⬤ ，在弹出的列表框中选择"纯色"选项，并设置填充颜色为深褐色（RGB 参数值为 55、42、39），效果如图 15-16 所示。

创建

图15-16　创建"纯色"填充图层

08 选择"颜色填充 1"调整图层的蒙版，按【Alt + Delete】组合键，填充黑色，添加暗角边缘效果，如图 15-18 所示。

图15-18　添加暗角边缘效果

10 打开"光盘 \ 素材 \ 第 15 章 \ 文字 .psd"素材图像，将其拖至牵手图像编辑窗口中的合适位置处，并将"文字"图层拖至"颜色填充 1"调整图层的下方，最终效果如图 15-20 所示。

拖曳

图15-20　最终效果

实用秘技

203

难度级别：★★★
关键技术："描边"命令

↘ **制作个性胸牌**

实例解析：胸卡是在胸前以示工作身份的卡片，一般都
标注有佩戴人员的姓名、工作部门和职务等信息，并加
入了工作人员的照片。

素材文件：光盘\素材\第15章\头像.jpg、胸牌.jpg
效果文件：光盘\效果\第15章\制作个性胸牌.jpg
视频文件：光盘\视频\第15章\制作个性胸牌.mp4

01 在菜单栏中单击"文件"|"打开"命令，打开素材图像，如图15-21所示。

02 选择工具箱中的裁剪工具 ㄐ，在图像中单击鼠标左键并拖曳创建裁剪框，按【Enter】键确认，效果如图15-22所示。

图15-21　素材图像

图15-22　裁剪图像

03 打开"光盘\素材\第15章\胸牌.jpg"素材图像，并将裁剪好的头像图像拖曳至胸牌图像编辑窗口中的合适位置处，效果如图15-23所示。

04 单击菜单栏中的"编辑"|"描边"命令，弹出"描边"对话框，设置"宽度"为3像素、"颜色"的RGB参数值分别为218、152、149，如图15-24所示。

图15-23　拖入素材图像

图15-24　"描边"对话框

05 单击"确定"按钮，即可描边图像，效果如图 15-25 所示。

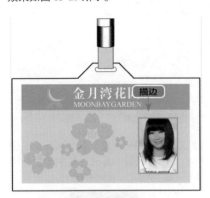

图15-25　描边图像

06 展开"字符"面板，设置"字体"为"黑体"、"字体大小"为6.1、"行距"为1.46、"颜色"为黑色，并单击"仿粗体"图标 **T**，如图 15-26 所示。

图15-26　设置字符属性

07 选择工具箱中的横排文字工具 **T**，在图像中输入相应的文字，效果如图 15-27 所示。

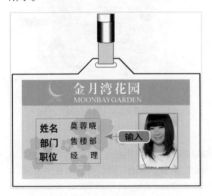

图15-27　输入相应的文字

08 打开"光盘\素材\第15章\直线.psd"素材图像，并将其拖曳至胸牌图像编辑窗口中的合适位置处，最终效果如图 15-28 所示。

图15-28　最终效果

专家提示

　描边大致有选区描边、路径描边和图层样式描边3种。选区描边：不论图层是不是空白都可以，但必须是普通图层，不能是调整层，在选区的周围描边，方便网页切图；路径描边：与选区描边类似，沿路径描边；图层样式描边：图层样式的描边在空图层上是可以进行，但是没有效果，设置后图层上必须有有效像素才能看到效果，方便修改控制。

实用秘技

204

↘ **制作艺术挂历**

实例解析：本实例将个人照片制作成艺术挂历，通过添加一定的特殊效果和文字，以丰富画面效果。下面介绍制作艺术挂历的操作方法。

难度级别：★★★★★
关键技术：矩形工具

素材文件：光盘\素材\第15章\看海.jpg、相册.jpg
效果文件：光盘\效果\第15章\制作艺术挂历.jpg
视频文件：光盘\视频\第15章\制作艺术挂历.mp4

01 在菜单栏中单击"文件"|"打开"命令，打开素材图像，如图15-29所示。

图15-29 素材图像

02 展开"图层"面板，复制"背景"图层，得到"背景 副本"图层，如图15-30所示。

图15-30 复制"背景"图层

03 单击菜单栏中的"滤镜"|"模糊"|"高斯模糊"命令，设置"半径"为5像素，单击"确定"按钮，模糊图像，效果如图15-31所示。

图15-31 模糊图像效果

04 设置"背景 副本"图层的"混合模式"为"柔光"，效果如图15-32所示。

图15-32 设置图层混合模式效果

专家提示

将图像导出到页面排版或矢量编辑程序时，将已存储的路径指定为剪贴路径以使图像的一部分变得透明。

05 选择工具箱中的矩形工具 ▭，在图像 底部绘制一个白色的填充矩形，效果如图 15-33 所示。

06 设置"形状 1"图层的"不透明度"为 35%，效果如图 15-34 所示。

图15-33　绘制白色的填充矩形

图15-34　设置图层不透明度效果

07 打开"光盘 \ 素材 \ 第 15 章 \ 月历 .psd"素材图像，并将其拖至图像编辑窗口中的 合适位置处，最终效果如图 15-35 所示。

图15-35　最终效果

> **专家提示**
>
> 　　在 Photoshop CS6 中，用户可以使用形状工具或钢笔工具来创建形状图层。因 为可以方便地移动、对齐、分布形状图层以及调整其大小，所以形状图层非常适于为 Web 页创建图形。可以选择在一个图层上绘制多个形状。形状图层包含定义形状颜色 的填充图层以及定义形状轮廓的链接矢量蒙版。形状轮廓是路径，它出现在"路径" 面板中。

第16章

广告照片特效处理

学前提示

现今是信息的世纪，随着时代的进步，人们对文化的需要越来越强烈，对美的追求也越来越高，这使得商业创意广告设计逐步大众化、时尚化，更加趋近于时代气息。

本章重点

◎　制作店面海报

◎　制作化妆品广告

◎　制作杂志封面

◎　制作钻戒广告

本章视频

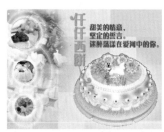

实用秘技 **205**	→ **制作店面海报**
	实例解析：本实例首先在海报的背景图像中加入各种诱人的糕点素材，并使用蒙版修饰其边缘，最后调整图像的整体色调，使画面更加柔和。
难度级别：★★★★★	素材文件：光盘\素材\第16章\海报.jpg、蛋糕1.psd等
关键技术：图层蒙版	效果文件：光盘\效果\第16章\制作店面海报.jpg
	视频文件：光盘\视频\第16章\制作店面海报.mp4

01 在菜单栏中单击"文件"|"打开"命令，打开素材图像，如图16-1所示。

02 打开"光盘\素材\第16章\蛋糕1.psd"素材图像，并将其拖至海报图像编辑窗口中的合适位置处，效果如图16-2所示。

图16-1　素材图像

图16-2　拖入素材图像1

03 打开"光盘\素材\第16章\蛋糕2.jpg和蛋糕3.jpg"素材图像，并将其拖至海报图像编辑窗口中的合适位置处，效果如图16-3所示。

04 在"图层"面板中分别为"图层2"和"图层3"图层添加图层蒙版，并运用黑色的画笔工具涂抹图像，效果如图16-4所示。

图16-3　拖入素材图像2

图16-4　涂抹图像效果

▷ **专家提示**

在"图层"面板中，图层蒙版和矢量蒙版都显示为图层缩览图右边的附加缩览图。对于图层蒙版，此缩览图代表添加图层蒙版时创建的灰度通道。矢量蒙版缩览图代表从图层内容中剪下来的路径。

05 在"图层"面板中设置"图层 2"图层的"不透明度"为 46%、"图层 3"图层的"不透明度"为 57%,效果如图 16-5 所示。

06 打开"光盘\素材\第 16 章\蛋糕 4.psd"素材图像,并将其拖至海报图像编辑窗口中的合适位置处,效果如图 16-6 所示。

图16-5 设置图层不透明度效果

图16-6 拖入素材图像3

07 打开"光盘\素材\第 16 章\文字 1.psd"素材图像,并将其拖至海报图像编辑窗口中的合适位置处,效果如图 16-7 所示。

08 新建"自然饱和度 1"调整图层,展开调整面板,设置"自然饱和度"为 63,效果如图 16-8 所示。

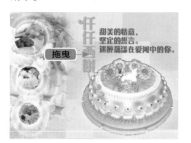

图16-7 拖入素材图像4

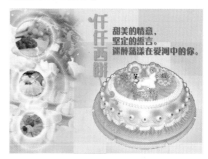

图16-8 调整图层自然饱和度

09 新建"亮度/对比度 1"调整图层,展开调整面板,设置"对比度"为 39,最终效果如图 16-9 所示。

图16-9 最终效果

↘ 制作化妆品广告

实例解析：本实例首先加入各种化妆用品图像，以增强广告的目的性，然后加入介绍文字，体现广告的主题。下面介绍制作化妆品广告的操作方法。

素材文件：光盘\素材\第16章\人物1.jpg、文字2.psd
效果文件：光盘\效果\第16章\制作化妆品广告.jpg
视频文件：光盘\视频\第16章\制作化妆品广告.mp4

01 在菜单栏中单击"文件"｜"打开"命令，打开素材图像，如图 16-10 所示。

图16-10　素材图像

02 新建"色彩平衡1"调整图层，展开调整面板，设置其中各参数值分别为 -33、-21、-19，效果如图 16-11 所示。

图16-11　调整色彩平衡

03 新建"色阶1"调整图层，展开调整面板，设置其中各参数值分别为 9、0.85、255，效果如图 16-12 所示。

图16-12　调整图像色阶

04 打开"光盘\素材\第16章\唇膏.jpg"素材图像，并将其拖至人物图像编辑窗口中的合适位置处，效果如图 16-13 所示。

拖曳➡

图16-13　拖入素材图像1

05 为"图层1"图层添加图层蒙版，并运用黑色的画笔工具涂抹图像，隐藏部分图像，效果如图16-14所示。

图16-14 隐藏部分图像

06 采用与上面同样的方法，拖入"光盘\素材\第16章\刷子.jpg"素材图像，添加图层蒙版，并运用黑色的画笔工具涂抹图像，效果如图16-15所示。

图16-15 涂抹图像

专家提示

当蒙版处于现用状态时，前景色和背景色均采用默认灰度值。

07 在"图层"面板中设置"图层1"的"不透明度"为36、"图层2"图层的"不透明度"为58，效果如图16-16所示。

图16-16 调整图层不透明度

08 打开"光盘\素材\第16章\花瓣.jpg"素材图像，并将其拖曳至人物图像编辑窗口中的合适位置处，效果如图16-17所示。

图16-17 拖入素材图像2

09 在"图层"面板中设置"图层4"的"混合模式"为"强光"、"不透明度"为58%，效果如图16-18所示。

图16-18 调整图层混合模式和不透明度

10 打开"光盘\素材\第16章\文字2.psd"素材图像，将其拖至人物图像编辑窗口中的合适位置处，最终效果如图16-19所示。

图16-19 最终效果

实用秘技

207

↘ **制作杂志封面**

难度级别：★ ★ ★ ★
关键技术："色彩平衡"
调整

实例解析：要将个人照片制作为时尚杂志封面，可选择
画面层次较分明的人像局部照片，然后通过后期调整画
面色调并添加文字和图案元素的方式，增强画面的时尚
效果。

素材文件：光盘\素材\第16章\人物2.jpg、封面.jpg

效果文件：光盘\效果\第16章\制作杂志封面.jpg

视频文件：光盘\视频\第16章\制作杂志封面.mp4

01 在菜单栏中单击"文件"|"打开"命
令，打开素材图像，如图16-20所示。

图16-20 素材图像

02 新建"色彩平衡1"调整，展开调整面板，
设置其中各参数值分别为 -50、-40、-60，
如图 16-21 所示。

图16-21 设置"色彩平衡"参数

03 执行操作后，即可调整画面色调，效
果如图 16-22 所示。

图16-22 调整画面色调

04 打 开 " 光 盘 \ 素 材 \ 第 16 章 \ 封
面.psd"素材图像，将其拖至人物图像
编辑窗口中的合适位置处，最终效果如
图 16-23 所示。

图16-23 最终效果

实用秘技

208

难度级别：★★★★★
关键技术："亮度/对比度"调整图层

↘ 制作钻戒广告

实例解析：本实例首先通过"色彩平衡"调整图层调整画面的色调，然后加入个性照片、文字以及图片素材，来体现出广告的主题。下面介绍制作钻戒广告的操作方法。

素材文件：光盘\素材\第16章\底纹.jpg、人物3.jpg

效果文件：光盘\效果\第16章\制作钻戒广告.jpg

视频文件：光盘\视频\第16章\制作钻戒广告.mp4

01 在菜单栏中单击"文件"|"打开"命令，打开素材图像，如图 16-24 所示。

02 新建"自然饱和度 1"调整图层，展开调整面板，设置"自然饱和度"为 91，效果如图 16-25 所示。

图16-24　素材图像

图16-25　调整图像自然饱和度

03 新建"色彩平衡 1"调整图层，展开调整面板，设置"中间调"参数分别为 -31、29、-82，如图 16-26 所示。

04 选择"阴影"色调，设置其中各参数分别为 15、43、51，如图 16-27 所示。

图16-26　设置"中间调"参数

图16-27　设置"阴影"参数

专家提示

自然饱和度可调整图像饱和度，以便在颜色接近最大饱和度时最大限度地减少修剪，自然饱和度还可防止肤色过度饱和。

05 选择"高光"色调，设置其中各参数值分别为36、0、0，调整色彩平衡效果如图 16-28 所示。

图16-28　调整色彩平衡效果

06 打开"光盘\素材\第16章\人物3.jpg"素材图像，并将其拖至底纹图像编辑窗口中的合适位置处，如图 16-29 所示。

图16-29　拖入素材图像

07 为"图层 1"图层添加图层蒙版，并运用黑色的画笔工具涂抹图像，隐藏部分图像，效果如图 16-30 所示。

图16-30　隐藏部分图像

08 打开其他的文字和图像素材，并将其拖至底纹图像编辑窗口中的合适位置处，效果如图 16-31 所示。

图16-31　拖入其他文字和图像素材

09 新建"亮度/对比度1"调整图层，展开调整面板，设置"亮度"为18、"对比度"为28，最终效果如图 16-32 所示。

图16-32　最终效果

专家提示

在正常模式中，"亮度/对比度"命令与"色阶"命令和"曲线"命令的调整一样，均是按比例（非线性）来调整图像图层的效果。